建筑师设计管理

（原著第二版）

建筑师设计管理

（原著第二版）

[丹麦] 斯蒂芬·埃米特　著

蔡　红　田　原　译

中国建筑工业出版社

著作权合同登记图字：01-2014-8243号
图书在版编目（CIP）数据

建筑师设计管理（原著第二版）／（丹）斯蒂芬·埃米特著；蔡红，田原译．
北京：中国建筑工业出版社，2018.5
ISBN 978-7-112-21807-3

I.①建…　II.①斯…②蔡…③田…　III.①建筑设计一管理　IV.①TU201

中国版本图书馆CIP数据核字（2018）第022576号

责任编辑：董苏华
责任校对：张　颖

建筑师设计管理（原著第二版）
[丹麦] 斯蒂芬·埃米特　著
蔡　红　田　原　译
*
中国建筑工业出版社出版、发行（北京海淀三里河路9号）
各地新华书店、建筑书店经销
北 京 嘉 泰 利 德 公 司 制 版
北京君升印刷有限公司印刷
*
开本：787×1092毫米　1/16　印张：12　字数：261千字
2018年4月第一版　2018年4月第一次印刷
定价：52.00元
ISBN 978-7-112-21807-3
（26840）

目录

第一部分　管理创意项目

第二部分　管理创意机构

前言

20 世纪 60 年代，英国建筑界开始认真对待管理问题。英国皇家建筑师学会（RIBA）的报告《建筑师和他的办公室》（1962）强调了建筑师缺乏管理才能，这随后导致了很多指南性著作，如《RlBA 工作计划》和《建筑师工作手册》的问世。多年来，这些早期著作被不断修订和更新，为建筑师、建筑技术专家和技术人员提供了必要的项目管理指南。随着设计管理文献的发展和建筑与施工领域的设计经理角色的演变，人们对设计管理的兴趣也在不断增长。与此同时，建设管理文献也不断增加和发展，并于最近开始扩大到设计管理和简报领域。自 20 世纪 60 年代以来，我们的建设项目管理方式发生了很大变化，尽管有许多关于如何有效、专业地管理项目进程的范例，但仍然有报告敦促我们应该做得更好。除了针对建设部门的报告和倡议外，还有少量针对建筑师的报告，这些都强调更好地管理设计活动和设计办公室的必要性，同时，也提出了如何向建筑师传授知识和传授什么的问题。无论我们的观点如何，难以忽视的事实是，我们的专业人员带着对项目管理和商业企业管理的全面了解离开大学，其结果是，建筑师往往发现，很难与他们的项目参与方联系，并经常发现，在项目生命周期的关键阶段，自己会被排除在重要的决策阶段之外。在实现具有创造性和令人激动的建筑方面，建筑师具有举足轻重的地位，但当他被定位在管理文化以外时，却很难实现。在一个高度竞争 的商业环境中，建筑师必须向客户证明其专业的管理技能和领导才干，从而保持（或恢复）其在建筑环境的规划和管理中的重要地位。同样，最根本的是，建筑师能够在具有较强的协作性和整体性的工作环境中与其他专业人士进行沟通；这就需要他对管理的理解和欣赏。

作为学生，我们花费了大量的时间、精力和热情在学习设计上，却发现，进入事务所时，会突然被各种不同的压力和控制所束缚。管理似乎没完没了，且过于严苛。挫折随时出现，未必是因为投入设计的时间太少，而是因为我们在设计活动的管理中不够脚踏实地。通过在建筑事务所中的经验（好的和坏的），结合阅读许多管理方面的书籍和文章，以及时间允许的情况下对日常实践的反思，我自己的管理技能得到了磨练。当时很少有出版物涉及管理复杂设计或创造性建筑师事务所，针对建筑师的书籍主要涉及个别项目的管理，而不是创造性员工的管理，或项目组合与事务所之间相互关系的议题——一个多年来几乎没什么变化的课题。我的目标是为进入建筑事务所的建筑师写一本中肯、激励、当然首先是实用的书，尤其本书是我在一开始就喜欢的类型。所用方法是解决项目管理（第一部分）和事务所管理（第二部分）之间的协同作用问题。这是建筑师和客户企业的相互依存性，体现于项目中，并确定了建筑环境的色彩、形状和质量。获得成功的前提是，我们必须确保项目的专业化管理，并在专业管理的事务所内构思和交付项目。通过有效管理事务所和项目组合，客户的价值可以在尽可能实现创意的前提下转化成建设工程。

写作本书是一项复杂而漫长的任务，综合了很多不同的领域。它所表达的思想和概念，是我在一家建筑师事务所担任设计经理时首次提出的，并在随后通过各类建设专家在实践和学术上的互动得到提炼。学术环境为进一步研究、检验和发展这些思想提供了时间和空间。

自本书第一版出版后，建设行业在使用信息通信技术（ICT）和建筑信息模型（BIM）的方式上发生了重大变化。特别是，BIM 改变了项目参与方的互动方式，它需要一个更加协同、开放和信任（可能存在争议）的关系。结合集成化项目交付的趋势、精简的流程和承包机构迅速蹿起的（施工）设计经理角色，建筑师从事设计的环境正在发生演变。在一个协同的、数字化的市场中，设计，就此而言，设计管理，不再是建筑师的专属领域。在此版本中，我试图展示这些变化对建筑师（乃至整个建筑界）来说是一个怎样的机会，使他们重新审视自己的角色和为客户提供的服务。第二版的工作也给了我一个机会，可以回应读者反馈，澄清内容，并且，从建筑师的角度更好地强调了设计经理的作用。

我强烈意识到，建筑事务所和项目的管理方法在很大程度上受到环境、当前的社会经济条件、技术和人员的影响。没有最佳方法，没有简单答案，也没有快速修复之道。相反，需要大量的时间和精力来建立有效的工作方法，并表现出领导能力。作为专业人士，我们永远不能满足，也不能自满；在工艺和应用方面总有改进的余地，无论主次，我们都力求完美。我鼓励读者关注本书提出的问题，批判性地思考，并将其运用于适合其自身的、很特殊的场合。

斯蒂芬·埃米特

（Stephen Emmitt）

作者简介

斯蒂芬·埃米特（Stephen Emmitt），文学士（荣誉学士），建筑学、文学硕士（专业教育），哲学博士，拉夫堡大学建筑技术学院教授。他是一位注册建筑师，在广泛的建筑实践中获取了丰富的行业经验。他曾在丹麦技术大学担任"建设创新和管理"专业的教授工作（由Hoffmann 基金资助），在丹麦理工大学教授建设创新和管理。目前是瑞典哈尔姆斯塔德大学创新学院客座教授。其教学和研究领域包括建筑实践、设计管理、建筑技术、建筑细部和建筑创新。斯蒂芬曾在欧洲和亚洲教授和主持过设计管理研讨会。

作为一名建筑师，斯蒂芬曾担任设计经理，负责有效地交付项目和建筑事务所的战略管理。职责集中在两个方面：设计和生产之间的有效接口，以及项目组合的有效管理。过程和产品创新的应用是推动建筑事务所的一致管理和给客户提交一致服务的核心。正是基于这些经验，在 1999 年他出版了第一本书《建筑管理：一个竞争的方法》。自那时以来，他在建筑管理和建筑技术方面撰写和编撰了许多书籍，还有超过 120 篇评论文章。最新的有关设计管理的书籍包括《建筑管理：国际实践和研究》和《协同设计管理》。

20 世纪 80 年代以来，斯蒂芬一直倡导要更好地管理建筑事务所。他曾在曼彻斯特建筑师协会的专业实践分会工作，在 1994 年加入国际建筑委员会建筑管理分会（CIBW096）。从那时起，他一直是个活跃成员，先后担任分会新闻官、联合协调员。他目前是皇家建筑学会（CIOB）设计管理工作组会员。正是向建筑专业的学生教授管理的经验，让他认识到，需要有一本简单而直接的设计管理指南——这就是第一版《建筑师设计管理》的基础—— 此书在 2011 年被译成中文。第二版已被全面更新，以响应学生的进一步反馈，及快速发展的建筑设计管理。

目前由 Wiley Blackwell 出版的斯蒂芬·埃米特的著作有：

《建筑管理：国际研究与实践》（Architectural Management: International Research and Practice）

《建筑技术，第 2 版》（Architectural Technology，Second Edition）

《建筑技术：研究与实践》（Architectural Technology: Research and Practice）

《巴里的建筑施工概论，第 3 版》（Barry's Introduction to Construction of Buildings，Third Edition）

《巴里的先进建筑，第 3 版》（Barry's Advanced Construction of Buildings，Third Edition）

《建设沟通》（Construction Communication）

《建筑细部设计原理》（Principles of Architectural Detailing）

第 1 章 为什么？

建筑师在向其客户、业主及社区传递价值的工作中，起着至关重要的作用。建筑师之所以能给客户的生活和事业带来独特价值，就在于他们能传达出其他竞争者所不具备的一样东西：设计理念。但在高度竞争的市场中，客户寻求的是，能有效、迅速地提供专业管理服务的人士，在这种情形下，仅仅依靠设计才能是不够的。这意味着，建筑师事务所需要不断监控其运营所处的业务环境，并不断改进其获取设计业务的手段。设计管理在这方面起着至关重要的作用，它能帮助专业的设计事务所提供一致的服务水平，从而在项目上获得源源不断的资金及利润回报，并提供一个创造伟大建筑的平台。但是，建筑师对于"管理对其职业的真正价值"可能仍有疑问。因此，本章旨在解释管理和设计管理对于现代建筑业为何如此重要，以便为后续章节提供背景。

为什么要管理？

建筑实践是与项目和社会的"对话"——是对设计知识进行实验、开发、应用和反思的过程。建筑师通过开发创意、主张和适应其办公室文化和客户需求的工作方式从项目和他人的工作中学习。我们开创一种工作方式，就是一种（建筑）语言，它们随着时间的推移变得越来越丰富。工作的方式揭示了适应每一个新项目的建筑实践，也预示了建筑的商务特性，即一种并行的（商业）语言，它支撑和滋养了建筑语言。

良好的设计管理是成功的建筑师事务所的核心价值之一，控制机制可将混乱的创作过程转化为创收行为。然而，管理通常被视为一种应对设计混乱而非增加商业价值的方式。事实上，"商务性"常常被人不齿，但它却是必不可少的，因为绝大多数专业设计师更愿意专注于设计而非商务。这可以理解为：建筑师不愿意接受管理，尽管"管理要素是所有项目的内在要素"这一事实已相当明确。设计行为很难脱离商务运作，虽然建筑教育中很少承认这一点（往往忽视管理问题），建筑文化中也未有特别体现。

建筑师的竞争对手喜欢宣扬一个老套的观点，即：创意设计师是游离在管理控制范围之外的。对于某些设计师来说，在适合时候，他们更愿意躲在后面。事实上，创作人员对很多管理方式的严格控制和刻板心态不以为然。问题不在于管理理念本身，而在于能否运用灵敏而恰当的管理框架。管理的原则和方法应尽量减少对设计师的要求，并提供足够的空间以适应设计项目固有的不确定性。同时，管理框架应为在设计室工作的个人提供指导，从而令委托工作的客户感到放心。良好的管理框架往往相对简单且不露痕迹。不良的管理框架往往繁冗复杂且随处可见，因为它破坏了设计师乐意工作的方式。

3 根据很多研究报告和来自客户的意见反馈，建筑师的确需要改进管理技巧。其中一项有关"建筑师缺乏管理智慧"的指标见诸建筑师注册委员会（ARB）发布的报告中。其2004—2005年度报告发布了10条来自客户的最常见的投诉清单。ARB建议建筑师坚持《建筑师守则》，以规避那些可能导致建筑师出现在职业操守委员会面前的陷阱。遵循良好的管理实践和程序也大有益处，因为ARB所列的投诉清单均涉及管理问题（及无效的沟通）。这些投诉及规避方法详见下文。

1. 过度推迟项目完工时间

这里的问题主要涉及对项目期限的糟糕预测以及未能与客户讨论潜在的延期原因。建筑师必须向客户清楚地说明项目期限是如何计算及由谁计算的，还必须解释为了确保项目在计划时间内完成所采取的措施。如果进展受阻，那么建筑师必须积极主动告知客户，必要时，应采取措施使项目重新回归计划。

2. 客户期望被过度提高

当建筑师讨论的设计方案超出了预算范围时，可能会发生客户期望值被过度提高的情况。较好地掌握造价控制知识，可以帮助减少不切实际的期望。同样，请专家参与设计有助于切实估计建设成本。

3. 期望客户为建筑师的失误／错误买单

建筑师在犯错时必须向客户公布并承认。虽然不可能消除所有问题，但采用质量管理体系和良好的设计管理方法将有助于减少错误的数量和范围。追踪设计变更的原因将有助于识别哪些是错误导致的变更，哪些是其他理由要求的变更。采用合作的方式可在一定程度上分担出错的责任及纠正错误的费用。

4. 合同文件不明确

对于未能在工作开始前清楚、简洁地列明费用、角色和责任，不应寻找任何借口。这是客户的需要，也有利于事务所的顺利运行。在项目启动前与客户短暂会晤并讨论合同文件，可以帮助避免不确定性及日后的问题。

5. 企图承担职权范围外的工作

建筑师必须明确说明其擅长和有资格承担的服务范围。这在建筑师事务所间差别很大，并且，不能指望客户知道所提供服务的范围和界限。与客户公开、坦率地讨论可以帮助探讨不确定的领域及从合作顾问处获得额外服务的需求。

6. 未答复客户的信件／电子邮件和电话

据 ARB 报告，沟通问题是众多投诉的起因。投诉最多的问题之一就是未告知客户费用的增加。所有专业人员都应就如何回应客户和项目参与者的询问有个明确的策略，并应将其列于质量计划或设计室手册中。不答复询问是不专业和糟糕的经营手法。好的建筑师事务所往往会积极解决问题并在客户从其他源头发现问题前主动联络客户。这涉及客户和建筑师的关系管理，并且得益于让客户在关键时间（如在设计审查时）参与项目。

7. 未处理完工后的问题

建筑师和其他项目团队成员不处理项目完成及费用支付后出现的问题是个不明智的策略。"售后"服务的质量水平将有助于保持建筑师和客户的关系，并将影响承接未来工作的可能性。问题是，费用通常已经花掉且没有可用的资源来处理问题。如果要在项目完成后保持专业服务，那就有必要为完工后的问题准确估计设计工作并为其分配资源。

8. 给予客户不好的建议

这往往涉及建筑师就其专业范围以外的事宜给客户提供建议，例如工程事宜及财务／增值税方面的问题。这可以通过清楚列明所供服务的范围以及确定费用协议不涉及的领域来避免。这最好通过面对面的讨论，以及书面形式的确认来进行。

9. 利益冲突

所有的业务关系（如与承建商的关系）都必须在委派过程初期向客户声明。客户希望他们的专业人员公开这些事情，并且，很多建筑企业以正式和非正式的联盟来合作，尤为重要的是，要清楚这种关系会给客户的项目带来怎样的影响。

10. 将工作委派给初级人员

通常，项目应由合伙人或董事来负责，并且，在其初步参与后，会将工作委派给设计室的中初级成员。这是所有专业服务公司的常见做法，但不向客户解释设计室处理工作的方法可能会给客户带来疑问，他们可能期待由合伙人来为项目工作，而不是一个初级成员。

采用专业和一致的方法来管理建筑师事务所及其项目也许无法消除所有问题，但将有助于建筑师规避上述所列问题，并将在一定程度上令客户保持好心情。采用一致的管理方式也有助于公司业务，如案例 A 所示。

案例 A——为什么要运用管理？

6

通过考察两家建筑师事务所的表现，我们可以进一步回答这个问题：为什么要管理？两家位于同一大都市地区、规模相同、有类似项目组合的建筑师事务所，从客户的角度来看，似乎没什么区别。确实，有个大客户决定委托这两家事务所来做项目。这些项目的规模、复杂程度和进度计划都相当，且经过竞标，两个项目均由同一家承包商来承建。这使得我们有可能就两家建筑师事务所的表现对它们作一些比较。

从监测期一开始，其中一家事务所就显得比另一家更有效率和效果，那是因为它给人留下了管理良好的印象。事务所 A 交付信息及时，能快速回应信息咨询，迅速处理设计变更，并与承包商和业主代表互动良好，最终在计划的时间和预算内交付了一个高质量的项目。事务所 B 则不断推迟交付信息（且往往是不完整的），缓慢回应信息咨询，并对设计变更犹豫不决。与 A 相比，其建筑师和承包商之间的沟通量要大得多，主要是为了处理一开始就不该出错的问题。该项目也以较高的质量按时完成了，主要归功于承包商的努力，但造价略高于原来的预算。最终的建筑物（设计质量）并无太大区别，但两个项目的效率以及建筑师和承包商的营利能力差异显著。

在第一个项目中，A 和承包商都报告了利润。在第二个项目中，B 声称该项目是一场金融灾难，（不公平地）责怪承包商和客户。在该项目中，承包商也声称亏损了资金，主要是因为 B 提供的服务较差。客户和承包商报告说，他们欢迎有机会再次与

7

A 合作，而不是 B。事实上，项目完成之后的几个月，该客户又委托 A 做了两个新项目，而没有委托 B，（如果委托不了 A）它更愿意把证明自己价值的机会留给其他的建筑师事务所。

是什么让一家事务所比其他的更成功？事务所 A，管理良好，采用了恰当的管理体系，且员工很乐意使用旨在帮助他们更有效和更一致地完成其工作的办公管理协议。事务所 B 也有一套管理体系，但其员工很少使用它，因为觉得它过于繁琐和费时，导致低效的工作实践和给客户不一致的服务。虽然不可能从公司业主那里获得财务数据，但在经济衰退中，A 声称"做得 ok"，而 B 则声称他们的项目"几乎不可能盈利"，理由是收费水平过低。在与公司业主的对话中，很明显，A 能理解"简单而精心设计的管理协议"的好处；B 则不能。A 认为，设计管理（作为一个过程和一个产品）对其所做的每一件事都必不可少，是其日常活动的一部分；B 则将"管理"视为建筑设计的附属物，因此未能整合管理和设计。除了对公司财务的影响，管理方法的差异对员工士气和福利方面的影响也显而易见。A 的员工在工作中显得很开心，当被问及时，他们表示很满意，说公司的管理程序能够帮助他们更有效地完成工作。B 的气氛则不太乐观，员工报告压力过大，声称要很长时间才能完成任务。

为什么要设计管理?

建筑师事务所的成员,既不必个个成为业务主管,也不必对管理充满热情,重要的是,建筑师能够理解其工作所处的商业环境以及管理设计的一致性和有效性的价值。对公司业主的挑战不是对创作人员强加限制性管理和行政约束,而是提供更好、更恰当的管理,既能支持创作的过程,也有利于提供优质的服务。要做到这一点,有必要了解良好的设计管理的价值,以及设计经理的作用和这项工作背后的理由。

很多中小型建筑师事务所由业主(董事、合伙人和同事)以"手动"方式来管理和监督设计质量。在亲密环境中近距离地工作,使员工得以非正式地进行知识交流,并保持相对一致的工作标准。那儿可能很少用正式的程序和汇报途径,但由于公司规模较小,所有员工都知道自己需要做什么。大中型事务所则更可能由一个或多个被任命为"设计经理"的人作为公司业主和项目工作人员间的接口,代表公司业主来监督设计质量。鉴于事务所的规模,员工在非常亲密的层次上进行互动并不容易,所以有必要在办公手册或质量管理文件中陈述对员工(及设计经理)的要求。这些要求通过日常互动会得到加强,并在公司会议上变得更正式。在案例 A 中,两家建筑师事务所都没有聘用设计经理,虽然较为成功的那家(事务所 A)是由公司业主来承担该角色的。

设计经理的角色最早出现在 20 世纪 60 年代,虽然那时建筑师事务所聘请设计经理并不常见,反而是由承包商来承担设计经理的角色。现在,施工设计经理在大中型承包企业中普遍存在,随着采购路线的变化和新技术(如 BIM 技术)的吸纳,承包商承担了更大的设计责任,他们往往迫使建筑师退出决策过程。这可能会影响建筑设计的整体质量以及建筑师的业务。最近,建筑师事务所已开始应对不断变化的市场,着手聘请设计经理,并明确提高了他们的设计管理服务。

设计经理的角色

在战略层面,设计经理负责设计的各个方面。虽然该角色涵盖了很多项目管理的技能,对设计质量的热情令其与众不同。设计经理负责监督(管理)办公室内的所有设计活动,并确保一致和协调地处理项目组合中的各个项目。这为设计师和工程师卸掉了不必要的行政和管理负担,令他们可以专注于自己的强项:设计和工程。为了有效地发挥作用,设计经理需要了解设计师、工程师和承包商的工作,这需要广泛了解多门学科的专业知识。他(或她)还应能在广泛的组织和层次上进行有效的沟通,并表现出连贯的领导力。这就需要具备协同的方式、良好的人际关系(软技能),以及基于战略和业务水平作出明智决策的能力。

- ◆ 制定战略决策。战略决策与项目或机构的长期目标有关。它为每个项目的效率和盈利(以及公司的盈利)设定议程。设计经理将在战略层面与公司业主紧密合作,确保项目和公司交付的成果符合预期。

♦ 制定运作策略。运作策略关注解决工作场所中的日常问题。运作策略与要完成的任务相关，它关注资源（信息、人员和材料）的流动以及对流程的坚持。设计经理将在运作层面与广大设计师联络，并成为设计师团队和承包商之间的接口。与承包商（和分包商）的施工设计经理交接的，就是建筑设计经理。

办公室内制定的决策和单个项目层面上的决策之间的紧张关系，使设计管理成为一项引人入胜、富有挑战和价值的活动。创造性的张力有助于刺激产品和工艺的创新，并有助于积极主动地创造伟大的建筑。简单地说，设计经理要负责人员、技术、信息和资源的管理：

♦ 人员。设计，作为一项活动，涉及与广大的"设计师"和技术支持人员之间的互动。它主要在专业的设计工作室内进行，并通过信息协同技术在项目内协同运作。设计经理需要提供正确的物理和虚拟环境，使身处其中的个人可以分享知识、协同工作，以创造满足客户需求的设计。设计过程输出的就是设计信息。

♦ 技术。人们需要新技术来提高其工作效率，因此需要仔细挑选计算机的软硬件以匹配工作室的需求，如信息通信技术（ICTs）和建筑信息模型（BIMs）。在效果良好的技术与可用的（负担得起的）技术之间建立良好的匹配。

♦ 信息。设计涉及交互创造、审查和协调大量的信息。设计经理的作用是确保离开设计室的信息在质量方面是一致的，内容是完整的、无差错的。该信息必须由建造者转换成真实的建筑物。一旦接收信息，施工设计经理最重要的任务之一就是审查信息，以确保安全和有效地建造房子。任何疑问都将提交给建筑师的设计经理。

♦ 资源。给特定的设计任务分配合适的时间和人员是设计经理的基本技能。其他资源，如可用的软件、信息通信技术和 BIM 也承担了部分作用。

设计经理的首要责任是领导设计师，无论在设计室，还是（间接地）通过个别项目。在设计室环境中，重点是创造设计价值并将其转化为设计信息。在项目环境中，重点是将信息转换为真实的建筑物以提交设计价值，这通常是由承包商的设计经理来管理的（图 1.1）。这

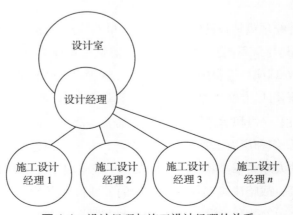

图 1.1 设计经理与施工设计经理的关系

两个文化不同的圈子由一个共同的愿望相联系，该愿望就是：为客户提供价值，使投资有所回报。如今，设计师和承包商之间的联系越来越多地由设计师的设计经理和承包商来交接。

正是个别项目和设计室之间的协同作用影响了建筑企业的财务健康。更确切地说，客户和建筑师之间的关系效力是创作和交付令人兴奋的建筑作品的基础（图1.2）。与建筑项目的投资者接洽，可以就目标、机会、风险、价值观和商业文化展开讨论；设计室与客户之间的互动越密切，理解就越好。

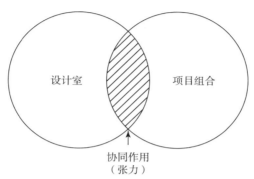

图1.2　设计室与项目的协同作用

设计经理给企业带来什么价值?

雇用一个或多个设计经理代价昂贵，因此有必要在企业作出雇佣决定前向企业清楚证明自己的价值，如案例B。类似地，当员工晋升至设计经理的职位时也如此，因为，随着责任的增加，将产生更高的薪资预期。

证明自己的价值并非易事，因为设计经理的很多行为与协助设计室内的个人有关，而这些是很难衡量和量化的。然而，该职位的价值，不仅有节约的时间、资源和成本，还有另一个重大好处，即：员工的士气和平均幸福感。这些可能是相对无形的指标，虽然可以由"员工流动率低、压力水平低、很少或未发生人员职业倦怠现象"来证明。让公司业主（合伙人和董事）专注于公司和客户的关系，是另一好处，这不易给公司增加成本，反而会为它带来可观的价值。

案例 B——为什么要雇用设计经理?

以一家大中型建筑师事务所为例，该事务所有着良好的客户群、建筑质量方面的良好声誉，以及繁多的项目组合。尽管如此，公司业主仍需为项目盈利而苦苦奋斗。员工们长时间地工作，设计室的士气开始受损。合伙人寻求外部顾问的意见，并采纳了一个建议：花钱聘请一位有经验的设计经理。设计经理的任务是使公司更盈利，且不影响其所生产的建筑的质量。其作用是通过下列方式领导设计：

◆ 监督项目组合，就个别项目的资源与工作室的资源制定战略和运作策略；

◆ 管理工作室的设计师，提供指导和支持；

13 ◆ 成为外部项目合作伙伴（如客户代表、承包商的设计经理和专业顾问）的沟通重点；

◆ 联络合伙人与员工；

◆ 识别无效工作并解决它们。

设计经理首先要求所有员工（包括合伙人）描述他们的日常工作，并确定一个他们认为可以改善的领域。作为讨论有效工作习惯的一种手段，这些数据经过收集和分析，在工作人员会议上被反馈回设计室。设计经理还花时间观察了设计室里的人的工作，然后提出了改进意见。通过观察和聆听，设计经理能够识别良好与不良的工作习惯。良好的习惯可以在设计室内分享，不良的习惯则被解决和消除。通过定期的知识分享与学习活动来实现该目的。6 个月内，报告了以下好处：

◆ 帮助确保设计信息采用一致的方法和标准；

◆ 减少员工的工作时间以达到标准工作周；

◆ 提高生产力；

◆ 提升员工士气；

◆ 释放合伙人处理公司战略问题的时间，特别是与客户进行沟通的时间。

12 个月之后，除了最初的好处，另一些情况也得到了改善：

◆ 与初始的基准数字相比，生产力提高了约 15%。重要的是，请注意，这是通过在工作实践中进行微小、渐进的改善，而不是对设计室的运作作出重大改变达到的；

◆ 设计信息的质量提高了，因为工作人员在发布前有了更多的时间来完成该信息。这样就减少了施工工地的查询次数，从而进一步减轻了设计师的负担；

◆ 现在，商业意识的重要性得到了设计室全体成员的认可。

14 在此案例中，聘请设计经理是一项精明的投资，他帮助振兴了设计室，并使其回归到可盈利的运作模式。在"设计室作为一个有凝聚力的单位该如何运作"的方面作出改进，帮助创建了一个快乐的设计室和一个可盈利的企业，从而进一步增强了最初的影响。在此之后，设计经理的作用转向进一步微调性能，以及进一步加强和嵌入持续改进的文化。

承担责任

"管理"与领导者及所采取的行动相关。幸运的是，建筑教育中所鼓励的创意思维能力也与"管理"高度相关，因为两者都与架构及解决问题相关。创新管理不太关注制度和程序，更关注个人及其有效运用知识、技能及才干的能力。优秀的管理者懂得如何处理制度与员工的关系，懂得让合适的人去做所需工作的重要性，会在工作前把一切安排妥当并提供相应的领导者。

随着事业的发展，很多设计专业人士提高了管理能力，有些人转入了正式或非正式的设计管理岗位。正式的设计管理岗位要承担相当大的责任，无论就工作满意度还是酬金而言，都是一个非常有价值的职业。有些建筑师会被现雇主提拔到设计管理岗位，有些人则会跳槽至新雇主处担任该职。无论哪种情况，重要的是，确定他的管理风格，并确保公司业主和员工了解他的工作意图。另外，有必要抵制设计的诱惑，这可能会干扰设计师，并分散设计经理的设计管理任务。

当设计经理以新人的身份进入一家设计室时，不可避免地会在最初被设计师视为局外人和来做"管理"的。在最初的几周里，设计经理可能会受到一定程度的警告，员工在与他交流时会保持防御和警惕。新的设计经理会期待在3至6个月内了解设计室及员工的工作方式，并开始培养共鸣与信任。他面临的挑战与那些从内部提拔的人稍有不同。那些人熟悉设计室制度及其员工，这使得工作在一开始就更容易些。然而，他们可能会因太熟悉设计室制度和人员而难以保持客观并发现其中有待改进的地方。从设计室普通员工升迁至管理岗位将使人处于不同的地位，与员工的关系也将发生变化，这对某些人来说也将会产生一些问题。

所有新的设计经理都希望能承担责任，并与设计师产生共鸣。他们应该：

- ◆ 观察和倾听。观察设计室成员的工作和互动方式。倾听在设计构思和开发阶段设计室发出的声音，关注他们的讨论。员工的日常行为和非正式的聊天揭示了设计室的流程是否适应员工的工作方法，这往往有助于识别工作流程中的低效工作或瓶颈。

- ◆ 发展。发展与所有员工的共鸣，建立信任。试着尽快了解每个人的长处和弱点，因为这有助于计划及分配工作。了解每位员工喜欢做什么，以及不喜欢的工作职能，尝试与他们一起工作，以最大限度地提高积极性，减少负能量。

- ◆ 讨论。和所有员工讨论个人工作量及现行流程。尝试和鼓励开放的沟通文化，使得每个人都乐于讨论棘手问题，并相信设计经理会尽量帮助他们。

- ◆ 行为。可能会相当迅速地作出一系列轻微和渐进的变化以提高设计工作室的效率。所有变化，无论大小，必须在实施前，与员工进行讨论并根据反馈做出相应调整。如果不这样做，将导致信任的丧失，并滋长"我们和他们"的文化，这将不利于设计管理的有效性。

- ◆ 提交反馈。设计经理充当了员工和公司业主之间的协调者，他必须发展一种团队精神。战略性反馈有助于分享知识，并使公司所有成员保持与时俱进。一个重要的工作要求是，要传达到每个人。

通过完成这些任务，设计经理能够很好地减少无效的习惯（过程浪费），并最大限度地放大良好的习惯（过程价值）。通过专注设计室内的个人行为并发挥领导力，将有可能开发和维持一个高效愉快的工作环境。

本书内容

设计既能让人陶醉，也能令人上瘾，但设计本身并不是客户选择顾问时唯一的甄别因素。建筑师需要证明自己提供高质量设计和高质量服务的能力。这意味着，建筑师若欲保持竞争力，必须与当前的管理思想保持一致，并将其应用到日常实践中去。这不是一件容易的事。管理类文献在内容上差异巨大，涉及不同的领域，如劳动经济学、社会学、人力资源和工业心理学。这些相互关联的领域帮助提供了一个观察世界的镜头，但是没有一种模式或理论能轻易转换用于专业服务公司。以标准流程、相同产品和重复性任务为基础的、适用于工业化生产或大众化消费的管理原则和技术，可能与创意型、以客户为导向的企业（如建筑师事务所）无关。事实上，人们认为，这些方法很少适用于专业服务公司是可以理解的。管理类文献中还充斥了很多解决复杂的社会学问题的"即时"办法，所以当我们由事后效果发现这些方法较差时，不应感到太意外。这给我们带来了一个问题：什么类型的管理适合建筑师事务所？这也是本书所要回答的问题。

17 　本书从建筑师的角度，对项目和设计事务所的管理提供了一个简单务实的指导。其目标是，提供洞察设计管理世界的视角，展示设计管理为建筑师事务所及其客户提供的价值。目标是解决设计活动（构建问题 – 解决问题）启用并交付所处的管理框架。重点是支撑设计管理的软基础，主要关注"人们在设计室和项目环境中的行为"。争论是为了更好地整合创意机构和创意项目，通过更好地理解我们与他人的互动方式以及应用和反馈至管理程序的方法，可以实现这个目标。作为出发点，本书采纳了 Brunton（1964）等人倡导的理念，并探讨了设计室及其项目组合的协同作用。考虑到设计管理在项目内和设计室内是不同的，本书涉及两个相互关联的部分。第一部分：项目管理。重点是，设计最适合的项目文化，以激发创意设计并在激动人心且功能完善的建筑中实现价值。第二部分探讨了专业设计室的管理。重点是，设计最适合的办公室文化，实施灵活的系统，使创造力得以蓬勃发展，并使员工享受创作伟大建筑的行为。每章的结论都是从设计经理的角度审视项目和设计室之间的协同作用得出来的。还提供了额外阅读的注意事项和建议。后续章节所论述的原则及工具旨在表明，创意管理可以为所有建筑师事务所带来可观利益，无论大小和市场定位。通过专业的设计管理方法，设计机构能以更好的状态致力于我们所建环境的质量。

第一部分

管理创意项目 19

第2章 关于项目

建筑师事务所是一个项目驱动机构。它们的存在和营利能力有赖于建设项目的投资商，在很多情况下，依赖于主承包商：没有项目，就没有业务。在竞争激烈的市场，建筑师事务所必须能清晰表达其设计的价值，清楚说明自己管理风险、成本和计划的方式，提供高质量的服务。正是个别项目提供了实践设计从而实现建筑的手段。其主要目标是，在为客户提供最大价值的同时，获取合理的投资利润。以一致和有效的方式做到这一点需要实施质量管理及相应理念，以最大限度减少浪费和提高业务价值。通过在设计室内实施一致的设计管理，并在项目层面以相应的水平控制设计决策，可以实现这个目标。前者由建筑师事务所掌控，后者则取决于项目参与者，并受到采购路线、合同和责任分配的影响。

理解项目

建筑教育首先关注建筑师在设计艺术中的教育。因此，课程内很少将课时投放在项目 的商业现实上。它往往是通过工作场所的项目实践来学习的。许多建筑师很快意识到，在这点上，设计师、客户和承包商之间的理解差异显著，因为源于不同的角度：

◆ 从客户的角度来看，项目是达到目的的手段。设计师和承包商是被雇用来满足某种需要的；

◆ 设计师关注的是，创造设计价值并获取设计费用；

◆ 承包商的目标是，为客户提供价值并获取投资回报。

他们属于不同的文化世界，通过一个项目临时汇集在一起。从本质上讲，项目是人员、材料、技术和场所的和谐交织。能够理解并响应不同观点、需求和愿望，有助于建筑事务所提供优质的服务。设计经理的职责就是分析项目内容，并以及时和一致的方式回应项目交付要素。

项目交付要素

项目管理类文献确定了交付项目的三要素，它们彼此争夺关注度而在系统中形成一定程度的张力。它们就是成本、时间和质量，如图2.1所示。其理论认为，如果强调其中一种要素，如时间，就会引起其他两者的损失。这就等同于：加快项目、抬高成本并降低质量。当然，如果有充分的前期计划和杰出的设计与实施团队，以合理的成本迅速交付高质

23

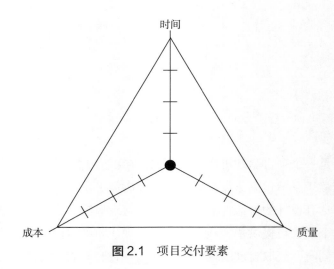

图2.1 项目交付要素

量建筑是有可能的。这三个要素加上第四个参数"设计"可以做些进一步的分析。

♦ 质量。在制造过程中为确保流程无差错做了大量工作,从而确保了每次产品的质量。工匠们以自己的技艺确保相似的水平。客户希望看到质量控制和质量管理程序的证据。成品的质量部分是主观的,但针对客户纲要分析时,大部分是客观的。

♦ 时间。时间是一种宝贵的资源,具有经济价值。从商业角度来说,客户越快接收他们的建筑,获得的经济回报就越大。那些能用最短的建筑装配时间(从立项到交付使用)的建筑设计师和建造者比那些不能这样做的人更具竞争优势:很多客户愿意为这样的服务支付额外费用。同样,能够坚持按时提交设计和建筑的建筑师比那些不能这样做的人更具竞争优势。

♦ 成本。单个项目的财务控制在客户心中是最重要的,他要求确定的成本,自然也是项目管理的一个焦点。尽管财务控制和监督非常重要,项目决策仍需考虑建筑的设计及其在全寿命过程中的性能。应充分考虑到建筑物的设计和性能的建设在其整个生命周期。设计经理将通过对项目和合同文件所做的设计决策管理,来保证项目成本的确定性。

24

♦ 设计。设计往往是项目经理心中缺失的因素,充其量隐含在质量上。设计经理必须捍卫设计——向所有项目相关者推广设计的价值,维护设计团队和设计决策。

这些参数需要根据现行立法、环境可持续性和道德经营的理念来检视。

质量

质量是一个议定的(往往是主观的)项目参数,取决于预算、时间、决策以及项目期间的行为。要客观定义质量是个真正的挑战,因为建筑本身的复杂性,以及大量的与质量有利害关系且质量观各不相同的参与方。设计经理将关注产品的质量以及所供服务的质量。

产品质量通常指图纸和其他设计附属文档的质量。间接地，这也关系到成品建筑的质量，尽管在大多数合同协议中，建造质量大多在建筑师的控制范围之外。所供服务的质量将主要取决于客户感知到的服务水平。项目全生命周期中与客户的良好互动将为其增色。

质量控制

质量控制（QC）是一个管理工具，它确保工作符合既定的性能规格并遵守现行的代码、标准和法规。专业服务公司的 QC 主要关注审查项目文件是否符合约定标准。在发布前审查图纸、书面说明和相关文件，检查其他顾问的文件与整体设计理念和项目参数的一致性，将有助于控制所创作的信息的质量。反过来，也有助于减少施工期间信息咨询的数量，并可能在某种程度上帮助减少设计变更的请求次数。

质量保证

质量保证（QA）是一个正式实施的管理体系，由一个独立机构 [如英国标准协会（BSI）] 认证和持续监控，以确保符合 ISO 9000 系列。这是一个高效的管理系统，可以为建筑师事务所带来显著好处。设计经理的职责是，确保程序简单以提高项目内的工作效率。

25

全面质量管理

提供优质的服务是现代机构竞争力的基础。尝试不断满足客户需求是全面质量管理（TQM）理念的核心。这是一个以人为本的管理理念，目的是通过关注客户满意度持续改进并更大整合——本质上是一个软的管理工具，包括对自己工作的自豪感，以及不断渴望更加成功的愿望。这是一个理想的适合专业服务公司的理念。

时间控制

建设项目的特殊性之一是设计和施工的计划方法存在差异。设计师熟悉与任务和活动相关的计划。这些计划往往比较简单，反映设计的重复性和设计活动，不容易分解为与时间相关的元素。因此，计划只确定关键日期和活动，并留出一定余地，允许任务快于或慢于预期完成。设计过程的不确定性较高，有很多未知因素。只有通过设计，方案变得更加细致，不确定性才会降低，从而使计划随着设计的推进变得更加具体。相反，建设者和项目经理更熟悉详细说明交付成果（里程碑）的计划。该阶段项目的确定性较高。设计已经完成（或基本完成），将项目分解成明确定义的工作包相对简单，可以估算这些工作包的费用，计算它们的时间，并定义各个包之间的关系。由此产生的施工计划通常

26

是高度复杂的甘特图，但它对设计师可能毫无意义。正是设计的重复性和施工的直线性之间的差异，导致了设计团队的计划和承包商的计划之间的冲突。这通常是因为未能认识到设计师和承包商的不同要求，以及建筑师和承包商的设计经理在发布计划前讨论时间敏感问题的失败。

向设计师提供非常详细的计划及许多"期限"通常没有意义，甚至还会弄巧成拙。拥有设计背景使得设计经理可以对变幻莫测的设计进行规划，并策划出对设计师有意义和价值的计划。设计项目的计划需要相对灵活，在适应设计行为的同时，还能顺应建设的程序。将任务分解成每周的任务和活动对大多数设计项目来说足够了。这样既可以监控进度，同时也给设计师留出余地。设计师更喜欢简单的计划而不是复杂的甘特图。

早期决策的重要性

太多情况下，在对早期阶段的重要性没有足够理解时，项目就匆忙开始了。商业管理的研究结果一向表明，早期阶段的缺陷终将导致项目的不良运行。我们发现，在设计和施工项目中，实施和使用阶段遇到的问题往往源于项目生命早期的错误决策。建筑项目的成功秘诀似乎与最合适的团队及全面的可决定项目参数的情况简报相关。在这里，首先关注的是，贯穿项目生命周期的设计理念的创造、保持和实现。建筑投资商们必须承认，项目早期的过分仓促可能会给项目带来一系列严重后果。建筑师、项目经理和其他主要顾问必须向他们的客户证明，从坚实的基础上启动项目的价值所在。

成功的项目与花费在组合最恰当的人与团队协同工作上的时间密切相关。项目早期所投入的时间，对员工未来进行有效互动的能力影响重大。但仍有很多项目在尚未考虑后果的情况下就开始酝酿和启动。建筑项目投资方可能不愿在团队组建初期、项目进度尚未明确时就投入资源（金钱和时间）。早期的价值讨论是基本的先决条件，并且，可以通过组织主要参与方共同探讨各种可能性及优先性来获得：一种以合伙人理念和精益生产思想为核心的方法。因而，负责组织团队和实施管理框架的角色至关重要。所以，为项目挑选合适的项目经理和设计经理是关键的第一步。

成本控制

建筑师常常被竞争对手描述为对成本控制很少或根本没有兴趣的人。虽然建筑师也许确实没有资格给出成本方面的建议，但通过参与项目他们将很好地理解成本。正是这种对成本的理解，使设计师能够按照项目预算做出明智的设计决策。计算机软件的进步使设计师更易估算他们的项目。例如，在计算机虚拟模型（如 BIM）中添加成本信息，使得在设计开发阶段可以更加直接地获取成本信息。

在项目的早期阶段，项目成本会有一定的不确定性。只有当项目细化后，解决了那些不确定的部分，才可以确定更准确的成本。深化设计将极大地提高准确性，其直接结果是，实现设计的成本也变得更明确。深化设计的成本核算将受到所用方法的影响。场外组件受到非常严格的控制，生产者将提供非常准确的生产成本总额。重复性建设类型也应提供高度准确的成本，因为该建筑成本能通过以往的项目来了解，其主要的不确定性为地质条件及与场地相关的因素，如边界和道路，以及与城市规划许可相关的条件。非重复性建筑设计的估算可能很难与重复性设计一样准确，并可能受到场外制造产品的使用总额的影响。 28
与制造商、供应商及专业承包商的紧密合作有助于形成相对准确的成本信息。

设计控制

随着时间的推移，流行的采购方式不断变化，建筑师对建筑环境的影响也随之改变，然后是建筑师控制设计质量从而为客户和社会提供价值的能力。在某些情况下，建筑师会刻意脱离或被迫退出施工过程，仅仅为建设投资方或承包商提供设计服务。因此，从建造至竣工的各个阶段，建筑师在设计之外的影响微不足道，而他人可根据不同的目标来控制和决定影响建筑价值、性能和形象的策略。另一个极端是，建筑师事务所承担全面控制和管理项目全寿命周期（从开始到结束，且往往超越设施管理）内的设计活动的职责。在这个业务模式中，质量是通过单点责任交付的，同时，建筑师直接、持续地与建设投资方互动。在这两个极端之间，建筑师事务所还有很多不同的管理方式，其中一些被证明比其他更合适，因而也更成功和更有利。无论采用何种业务模式，建筑事务所都知道它在每个项目中的地位、作用和责任。

设计经理将与主承包商的设计经理交接，对方同样关注设计质量，但与建筑师事务所相比，他将在一套不同的（商业）价值观下运作。因此，尽管承包商的设计经理也试图捍卫设计质量，他们仍然对其代表承包商所做的决策对财务的影响保持高度敏感并受其制约。这通常意味着，当承包商的项目经理对设计变更施加压力时，建筑师的设计经理需要支持和保护他们的设计师。不断的变更会使负责修订设计决策和修改图纸及相关信息的人失去动力。这也是资源的浪费，而且未必能令变更更出色。通过简单的管理体系，可减少变更 29
的数量。第 4 章和第 5 章将进一步讨论设计控制。

设计团队（广义上说）对最后的建设成果承担很大的责任，他们的集体决策会影响实施效率、项目工期、成本和质量。图 2.2 表示了在项目生命周期内设计决策对成本的影响。随着项目的推进，设计团队对项目成本的影响会迅速减弱。这条曲线还表达了设计团队对质量的影响，以及项目的持久力（将此术语替换图中的"成本"）。因此，项目开始阶段的详细计划是使设计团队能够全面考虑后期各项活动的基础。由此图看，显然，随着项目的推进，设计变更的成本将会增加。当设计允许承包商使用创新技术时，承包商的尽早参与 30
就显得尤为重要，这样，就不会因运行参数太过严苛而否定创新能力。

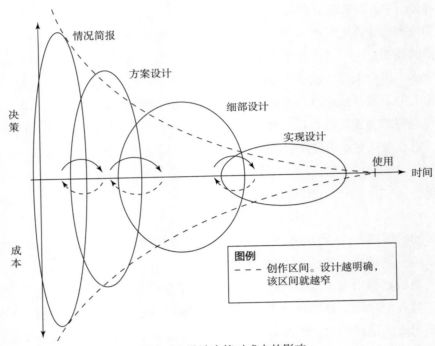

图 2.2 设计决策对成本的影响

价值与风险评估

建设项目的客户越来越期待以更少的投资获取更优质的建筑。这种期待迫使设计师和建设者为其提供的服务增加价值。增值是一项用于衡量机构生产力的技术，它与产品（服务）开发过程所作的贡献（价值）有关。通过审查完成某项业务所需的活动，有可能甄别哪些是给业务增加价值（增值）的活动，哪些不是。增值活动需要被培育，非增值活动则应被淘汰。

建筑师需要了解他们在项目中的角色及其影响设计质量的能力。设计经理最初的任务是根据项目带给企业的价值和风险，了解项目背景。这涉及对所需资源的评估及明确任务分配的尝试。为了做到这一点，有必要了解项目的动态，及建筑事务所在各个项目中的作用。在承接一个项目前，有必要就现金流和营利能力（见第 12 章）及信誉，了解该项目可能给企业带来什么样的价值。另外，还需解决一些基本问题，如：

- 提供良好建筑的机遇是什么？
- 谁负责设计？
- 企业的风险是什么？

要回答这些问题，有必要了解每个项目具体情况下的价值和风险。

价值

建筑师在帮助诠释客户愿望并通过设计创造价值的方面发挥了举足轻重的作用，同时与其他参与方合作通过相关服务来增加价值。所谓价值，就是个人或组织在某过程中的投入以及由此过程产生的结果，在此处就是，建设项目和由此产生的建筑。这往往与价格（即金额）相关，尽管还涉及效用、美学、文化意义、市场等其他因素。价值观是我们的核心信念、道德和理想，它通过我们在社会关系中形成的态度和行为反映出来。我们的价值观不是绝对的，它存在于和他人的价值观的关联中，并不断变换着。在设计和施工项目中，价值的管理是通过价值管理和价值工程活动来处理的。基于价值的管理以"面对面研讨"为工具允许参与者讨论、研究，以达成共同的价值观，它常常以书面文件表达，作为一套价值参数，在项目团队各重要事项中居于前列。在工作中分享价值是理念背后的基本原则，如合伙人及其他形式的承包关系。

项目价值

每个项目必须根据客户的个性化需求和场地情况进行调整，因此各个项目差异显著。项目特点取决于：

- ◆ 客户的价值观；
- ◆ 项目团队的价值观；
- ◆ 与场地相关的价值观。

客户的价值观需要通过很好的管理情况简报阶段来研究和定义（见第 3 章）。项目团队的价值观取决于团队的组合方式（个人的价值和能力）、所用的采购途径（影响成员态度）以及团队的管理方式（影响互动方式）。图 2.3 展示了客户和项目团队价值观的互动，以及在价值观的探讨和达成过程中发生的学习行为。无论它是第一次组建，还是一个相对

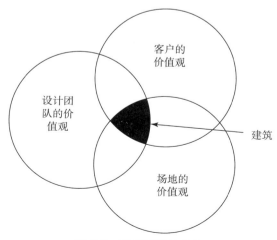

图 2.3　建筑项目的价值

稳定的个人和组织的结合，都受到客户及项目团队的经验的影响。与每个场地相关的价值观也发挥着作用—— 一个与用途、背景和社会相关的价值观的复杂组合。将这些价值观结合在一起，就为每个建筑项目制定了独特配方。

32

风险

基本上，所有项目都是个人及其机构准备承担的风险总和。这主要与个人及其直接管理者的不确定性和风险承受能力有关。这种风险受到机构文化和道德以及各种不同项目利益相关者的相互作用的影响，其中一些利益相关者会比其他人更害怕风险。可以使用各种风险管理技术来管理风险，不确定性往往可以通过明确的沟通及角色和责任的认定来处理。风险管理应与价值管理相联系。

价值与风险管理

应尽量在项目生命周期早期探索和明确表达价值观。同样，必须识别与项目相关的风险和不确定性，并对其后果进行管理，否则价值将受到损害。价值管理技术旨在阐明项目主要参与者所感知的项目价值。风险管理技术旨在识别风险和不确定性，并减轻其对项目的不利影响。价值管理和风险管理是相辅相成的活动，应告知设计团队，并纳入项目框架

33 中。该技术除了有助于实现价值最大化和风险最小化，还有助于参与者深刻理解项目并培养主人翁意识。通过合作，还增进了由人际交往发展团队文化和分享知识的机会。虽然可能很难量化纳入项目框架内的价值和风险管理的所有好处，但这种努力似乎有助于决定项目的成功。

价值和风险管理技术都依赖于项目主要参与者讨论与项目相关的价值和风险的互动。价值观的讨论和分享主要通过引导式研讨会上面对面的讨论来实现，随后通过日常互动得到验证和加强。达成共识后的价值观将在构成合作协议和关系型合同基础的价值参数列表中优先考虑。应在项目早期举行研讨会，使项目参与方得以互动分享价值、经验和知识。参与的个人及团体给建设团队带来了不同的价值观、知识和利益，并将随利益和价值的形成与挑战而出现意见分歧。当利益和价值不断发展并面对挑战时，可能会出现意见分歧，从而价值观和优先排序也可能随着项目的进展而变化，认识到这一点同样重要。识别和响应他人的价值观，以及统一和加强项目团队的价值观，都需要有效的沟通技巧。

采购与影响

设计和施工服务的采购是成功实现客户目标和价值的重要一环。客户不仅要从众多的正式签约途径中做出选择，还要从众多专家处寻求意见，他们都争相获取客户的注意，并都看似提供了最佳服务。专家最初的选择将因建立的社交关系而对项目结果产生很大影响。

客户在做出采购方面的决定前，需要考虑许多因素，从时间安排和变更的灵活度，到风险管理、成本确认和责任义务。技术也会影响采购的决定，例如，利用 BIM，就需要协作的方法和相应的关系型合同。

34

采购系统将影响设计和施工阶段的组织方式，进而影响个人通过正式（和非正式）的沟通渠道进行互动和沟通的方式。合同还将决定参与者的责任及其个人对整个或部分过程的控制水平。在某些方面，采购途径的选择涉及对项目、信息流、沟通渠道、技术、决策、财务及设计质量的控制和权力。它有四种途径：

- 以客户为主导的关系，常用于小项目（如房屋的扩建和自建项目）。客户通过独立合同分别委托顾问和承包商来承担特定的分包工作。专家和建造者之间的联系往往很少。

- 以设计为主导的关系，常被视为"传统型"采购系统。客户委托的是对建筑进行设计和施工监理的建筑业务。尽管可能会与预定的承包商谈判，但通常是通过竞标并以最低标价中标的方式来选择承包商的。在这种关系中，建筑师负责团队的组建、项目的管理和设计质量的控制。

- 以施工为主导的关系，通常采取设计和施工合同的形式。起初，承包商在室内完成设计工作，并通过直接雇佣的劳动力管理建筑的施工。现在，随着大多数总承包商分包所有的工作任务，人们开始怀疑这究竟是以施工为主导还是以管理为主导的关系？在这种关系中，建筑师依赖承包商获得业务，而与建筑投资者很少或没有任何联系。作为向承包商提供设计服务的分包者，建筑师在实现设计阶段对设计的控制相当有限，因而对设计的变更及建筑物的总体质量几乎没有影响。

- 以管理为主导的关系，既包括管理合同，也包括设计与管理。在这一关系中没有总承包商，而有一位监管整合分包工作的经理。建筑师在这一关系中将向管理承包商提供分包工作，有时被称为设计与管理。随着预制构件和场地外生产的增加，以及现场管理的活动和业务的减少，这种采购形式可能会引起越来越多渴望提高设计质量的建筑师和投资者的关注。

35

项目代表了一种短时间内的权力更迭，并且，在项目团队内可能会出现权力纷争，这与资源的分配有关。人们倾向于效忠其雇主而非项目，这可能给项目经理带来困难。领导层在通过设计实现价值方面也很重要，并且必须考虑合约安排让建筑师来控制设计质量，而不要废止它由他人来代替。

项目中的互动

通常，我们会为一个项目成立一个建设项目团队，并在项目竣工后（或在某些大型复杂项目的特定阶段）解散。这为每个项目创建了新的关系，并提供了项目经理和设计经理，以应对即刻面临的团队组建问题，以及在项目参与者间尽快建立开放的沟通渠道。此外，项目的实现还会遇到这样的挑战：及时准确的信息交流及相互关联、相互依存的必要活动间的网络管理。

人们在项目环境内的互动方式以及在各自机构内与同事的互动方式将对单个项目的成功以及参与机构的利润产生重大影响。无论采用何种管理与合同框架，这对所有项目来说都是一样的。机构与工作于其中的个人之间的"空隙"将影响互动实践，进而影响单个项目成果的效用。这种项目内的关系和位置具有相互依存和关联的不确定性，有助于创建一个充满活力并令人兴奋的环境。这也意味着，在试图映射和管理项目生命周期中的关系时需要做些努力，这将有助于促进协同与整合工作。

建设行业人员各异，它是一个流动和动态的专家集群，是个人和组织的临时组合。很多供应商会在不同的领域工作，例如，一个节能涂料制造商同时也为化妆品行业生产护肤产品。除了少数重复型建筑和拥有大量资产组合的客户外，没有任何既定的供应链（如汽车行业）。这意味着，在多数情况下，选择参与项目的组织和个人将不同于之前的任何项目。这给那些负责组建临时性项目机构的人带来了挑战，也为那些事先不了解项目而参与项目的组织和个人带来了挑战。帮助个人快速发展工作关系并在项目参与者内建立互信是沟通的基础。真正协同的工作需要成员之间的社会平等，这意味着，必须将专业上的傲慢、专业人士的固有观念及当前问题放在一边。也意味着，很多情况下，需要通过早期价值观的讨论重组项目团队并重新定义项目文化。管理方法，如"价值管理"和"基于价值的管理"，往往通过召集人员参与管理研讨会及相关的管理互动来鼓励和促进人员的整合。为了进行有效整合，有必要确保以下事项：

- 早期参与。这将因专业人士及行业的不同而变化，并取决于项目的范围，但主要行业的参与不应迟于详细设计阶段或概念设计阶段。早期参与为所有成员提供了在方案定稿前参与设计、详细设计及规划设计的机会，也有助于实现项目增值，从而降低后期损耗。此外，早期参与还提供了协商支付条款及合同条件的机会。
- 共享工具。在设计项目上的合作与同步要求所有团队成员使用相同的信息技术（IT）和信息与通信技术（ICTs）。工具间的对抗将导致无效的沟通和脱节的工作方法。共享数字模型（如 BIMs）提供了实时协作并实现一体化工作的手段。
- 共享利益。这为整个项目团队带来了好处，其中包括：缩短计划时间，更易识别和解决问题（并减少冲突），更好地整合建筑构件，提高效率和改善工作关系；同时，财政收益应与项目的承诺水平相当。
- 共享价值。必须强调增值活动和创新方案。团队成员应对其集体价值和目标达成共识。
- 共享风险。应识别、量化并尽量减小风险。剩下的风险应被分担，或经协商将其分配给能最好地管理它们的成员。

项目框架

　　项目间的差异增加了项目管理的刺激性，但也有助于证明，需要建立一个帮助指导参与者了解项目目标的熟悉框架。建筑师事务所往往使用某种标准形式的方法来管理项目，并在设计室或质量手册中确定各项程序和协议。同样地，工程师和承包商使用自己的管理框架，有时会导致兼容性问题。无论使用何种框架，至关重要的是，存在适合项目背景的最佳的组织结构，且每个人都知道自己在做什么和为什么要做。

　　目前已有很多著名的、用于行政和项目管理的框架和模式，其适用性取决于能否保证项目和办公室文化间达到最佳吻合度。模式代表了一种理性的（且往往是规范的）方法。管理框架有助于给予工作组提供一定规范，并使工作和工作人员的交接规范化。框架的形式应能被那些在进程中作出贡献的人充分理解，以使在框架内和框架周边进行非正式互动，即可对其做出自由解释。太过强调框架模式会产生误导。更重要的是，每个人都要理解项目、角色和责任，项目阶段示意简图（图2.4）是非常有效的理解项目的途径。

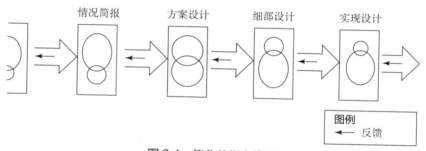

图2.4　简化的概念模型

　　管理框架应该促进设计工作、沟通交流、知识共享和信息流通。需要绘制流程图并设计适宜的运行结构，以便以有效的方式管理各种不同的活动。召集主要成员讨论如何计划项目并就能保证工作有效合作的最合适的管理框架达成共识是个明智的策略（一种自下而上的方式）。这比实施一个系统并期望每个人都适应它的方式（一种自上而下的方式）更有效。从建筑师的角度说，管理模式必须留有一定的自主和创意空间。定制的管理框架应适应项目内容，并至少应包括：

- ◆ 清晰划分的阶段、角色、任务和责任
- ◆ 阶段性的价值和风险管理讨论会
- ◆ 项目里程碑
- ◆ 决策的最后责任期限
- ◆ 与不同阶段的起止时间相吻合的控制关口
- ◆ 学习机会和反馈环节

RIBA 工作计划

最著名的设计项目管理准则之一是《英国皇家建筑师学会（RIBA）工作计划》。作为帮助建筑师管理项目的工具，它最早制定于 1963 年；自那时起，它被不断修订以体现我们在建筑方式上的改变。该指南一直被广泛用于各建筑公司，并与其他国家建筑机构所制定的准则并行使用。该《工作计划》曾被（主要是被非建筑师们）批评为一个线性模式，它推动了细分的项目管理方法。尽管从文献上看这也许是事实，但建筑师使用这一模式的方法依然未得到认可。该《工作计划》提供了一个熟悉的准则，帮助建筑师通过高度复杂和相互交错的活动来驾驭工作。由于随着设计工作的展开，设计活动需要不断重复和反思，因此人们并没有严格遵守该准则。由于该准则形成了一个以决策制定和工作交付来定义里程碑的架构，因此可采取一个灵活的方法。

最新的 2013 年《RIBA 工作计划》是基于八个阶段，这些阶段首尾相交以适应不同的采购途径。这些工作阶段是：

0. 战略决策

1. 准备和简报

2. 概念设计

3. 深化设计

4. 技术设计

5. 专业设计

6. 施工

7. 竣工

8. 使用

还有一些自称不那么线性的其他模式，尽管这些模式将职能过分分解成独立的工作包或责任区。流程模式可以帮助说明（或示范）一个在适用于所有项目的通用框架下的相对复杂的活动网络。这些模式更适合于大型复杂项目，应用于小型项目也许没有必要和不太恰当。其重点趋向于活动整合、并行开发工作包、知识传递和变更管理。价值管理和基于价值的管理模式是建立在由研讨会就价值观进行讨论并达成一致的基础上的。共识与信任的建立是这些模式的基本组成部分。研讨会始于团队组建，并持续至项目完成和反馈。研讨会鼓励公开交流和知识共享，并试图尊重和管理设计流程的混乱本性。作为一个群体，合作、交流、知识分享和学习有助于澄清和确认项目的价值。结识同伴并发展互信关系是该模式的基本特征。该模式适用于合伙型约定，并主要依靠进程负责人的技能以推动工作向前推进。

关口控制和学习机会

良好的设计管理模式的特点包括关口控制（简称为"批准或签收关口"）（图 2.5）和

39

40

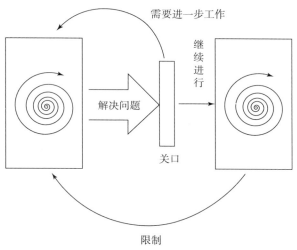

图2.5 控制关口和限制

设计审查。这些事项使主要利益相关者在关键阶段一起来讨论、同意、批准和"签收"项目。对中小型项目来说，这些评估事项往往被安排在一个 RIBA 阶段的终端。对大型项目来说，控制关口还被安排于反映审批重点分包工程的阶段之内。项目计划应明确指出何时和为什么要进行评估活动，并应将其反映在项目方案中。项目评估允许项目团队依据在项目简报阶段所罗列的具体目标来评价项目进展。只有在项目按计划进行时才能被批准进入下一阶段。学习机会也需要被设计于项目方案中，这些将在第 7 章中讨论。

41

项目到事务所的接口

成功的设计机构善于在事务所和个别项目间建立协同合作的关系。项目似乎比较"适合"事务所的机构文化，并且，项目的后续发展有助于提高机构的知识水平和事务所的商业触觉。

设计经理必须具备平衡项目要求及其机构要求的能力。这涉及对客户需求、项目目标和局限性的深刻理解。它还涉及对设计和施工环境的深入了解，以便将植入设计信息的价值观尽可能天衣无缝地从设计转移到施工，而不影响工程的设计意图。纪律的基础是明确地定义机构的使命和临时项目团队的任务。一个好的设计经理应致力于挖掘被管理对象的潜力，并消除因管理不善和无法完成的"最后期限"而带来的恐惧和紧张。工作流程应持续而流畅，不要被低效的沟通或没必要的官僚主义所阻碍。

第 3 章　建立系统架构

产生（或错失）机会，减少（或造成）风险多数发生在项目初期。初期决策还会影响随后注入项目的健康安全文化、对质量的态度及社会经济条件。研究表明，初期在团队建设中的投入有益于项目的平稳运行和成功完成，并且，初期投入的时间和精力将随项目的完成而收回。临时项目团队的建设与项目经理关联最大，虽然设计经理也在其中发挥作用。建设项目的系统架构是一个高度复杂的任务，需要了解人际沟通的特征并评估群体和团队有效发挥的方法。设计经理需要表现出必要的领导能力以鼓励和指导设计团队，这首先要得到最合适的系统和为项目工作的人员。

项目启动

尽早准备好项目的预期和协议至关重要，且最好在工作开始前。拥有合适的人员、工具和组织结构更容易启动一个项目，若在项目启动后再尝试调整它，则为时已晚。探索并分享项目预期有助于避免项目后期的误解和分歧。客户预期可通过全面的简报过程得到解决和确认（见第 4 章）。主要项目参与者的期望可在初期会议和价值管理活动中进行讨论。

制定设计管理协议

设计经理有责任确保在项目开始时准备好协议。这将有助于为客户期望管理提供组织结构，也有助于消除人员职责方面的任何不确定性。理想情况下，这应与项目质量计划挂钩，并应包括项目初期需要讨论和定义的主要问题，如：

- 变更控制过程（变更追踪）
- 客户批准和反馈流程
- 通信协议
- 设计进度表和清单（包括设计确认过程）
- 纠纷解决过程
- 文件控制流程
- 制图标准
- 反馈（学习）活动时间表
- 信息交换协议

- 交付的关键日期和责任
- 会议日程
- 进度报告责任
- 信息请求（过程和时间）
- 角色与责任矩阵
- 软件的兼容性（如 ICTs、BIM）
- 专业设计（设计分包范围）
- 简报文件的状态（简报跟踪）

要形成正确的项目态度，必须密切配合制定恰当的协议。一种被证明能为设计机构、客户及其他项目参与者提供价值的方法，就是精益设计管理。

精益设计管理

通过良好的设计和管理实践可以提高效率，减少浪费。这意味着，应以减少浪费和创造价值的正确态度启动项目。术语"精益设计管理"是指通过处理设计中的浪费和提升设计进程管理的效率来实现顾客价值的过程。借鉴和改编自精益生产的精益思想技术能够为建筑师提供一系列有用的工具，通过它们能够提升设计价值并减少浪费。精益思想的五项原则是：阐述价值；发现价值流；价值流动；建立价值"引力"，以及追求完美。尽管该理念特别适用于制造业及大规模生产的产品，但它相对强劲，经过某些诠释，便能应用于项目环境中。受精益思想的启发，精益建筑设计管理的五项原则即为：

- 阐述价值。清楚准确地识别客户需求并确认交付方案所需的具体功能。随着设计的发展，通过简报过程及随后的测试和提炼，明确客户（及其他项目利益相关者）的要求。所需的具体功能涉及项目从开始到最终实现美观和实用的建筑为止的全过程的管理。建筑意义上的价值将涉及交流、可操作性、审美和文化价值。
- 发现价值流。在说明价值时，可通过功能整合识别实现建筑的最快途径。目标是以安全、环保及合乎道德的方式按约定的（高）质量和（低）价格来交付项目。这与使用最合适的采购途径及设计管理模式相关，有助于确定价值在项目内的流动方式。标准的通用方法也许不适用于所有的设计项目和状况。
- 价值流动。削减设计中所有不必要或多余的费用，以获得最佳的设计方案。在设计时留意（进程和产品中）的多余环节能够有利于减少不必要的费用。在以实体形式实现设计前，价值管理和价值工程也有助于识别和消除设计和详细设计阶段的浪费。减少浪费有时会被误解为减少多样性和增加重复性，这与很多设计师的价值观不相符。
- 建立价值"引力"。意即在项目期间频繁听取客户及其他主要利益相关者的意见，并反复做出回应。将客户纳入进程能使任务更易完成，如通过正式的设计评审和价值管理研讨会。项目和项目后的评审是建立价值引力的辅助工具。

◆ 追求完美。将降低成本的方法和工具注入企业文化和实践，能够在项目过程中为建筑事务所及所有客户持续降低成本。要想有效做到这一点，有必要理解设计室的工作流程及其与项目组合的接口。这使我们能够全面理解项目和设计室的共生关系。

精益思想能运用于转换过程的不同层面，从整个项目到各个阶段及子阶段。这有助于提供项目全景，并有助于规划和安排各分项工作。从精益思想出发的设计方法还强调，设计师必须理解设计价值的实现方法及转换过程的成本。根据项目类型及设计团队所采用的方式，这可能涉及对工艺技术或生产技术以及相应的成本和时间参数的深刻理解。重点在于建筑的整个生命周期及环境的可持续性。因此，需关注减少浪费、降低全寿命成本并为未来用户建造灵活和适用的建筑。要做到这一点，需要具备整个设计及实现设计阶段的知识，包括拆除、回收及修复管理技术。

精益思想与在组织内和每个项目中获得正确的文化有关，这是持续改进的文化和不断质疑的文化。它要求设计经理对能更为有效进行的工作领域保持警觉，即，他（或她）需要对浪费的习惯保持敏感，并不断评估设计室内各个行为的价值。这需要所有设计室成员保持不断学习和改进的积极态度。精益文献最引人的想法之一是"流动"，对"连续流动"的需求，有助于减少过程浪费。从建筑师的角度来看，"流动"就是"设计信息的流动"和"资源的流动"：

◆ 信息流动。需要什么信息？什么时候需要？谁需要？他们需要什么格式的信息？了解用户的信息需求，能够极大地帮助确定生产信息的内容、时间，以及与需要它的人交换的方式。

◆ 资源流动。设计需要哪些资源？需要多少人以及需要什么技能？为了方便顺畅的工作流程，最合适的信息通信技术（ICTs）是什么？

这意味着，在项目中必须尽早关注项目团队的组建，并致力于描绘项目全生命周期的关系、责任和接口。

团队组建

项目前期投入的资源有助于减少不确定性、改善沟通和协助项目高效交付。这能改进性能、减少错误和分歧、降低项目成本，从而使所有参与者受益。理想的情况是，在情况简报阶段之前就开始组建项目团队，虽然这不一定可能或可取。各成员间的互动方式将创建和形成项目的动态。

在很多中小型事务所中，项目建筑师借助设计室外部人员的投入，从头至尾地负责一个项目。因此真正意义上来说，个别项目往往是一项个人行为，而非"团队"工作。对于

大型项目,我们可在设计室内成立小型团队来应对项目的特定阶段,并在任务完成后即将 47
其解散或重新分配。这种组合既可针对具体项目也可针对具体任务(如概念设计小组和详
细设计小组)。设计经理的作用主要是协调、促进、刺激和激励这些群体,使其成长为有
凝聚力、有自主性的团体。好的经理应不断努力,使一组具备不同技能和利益的人转变为
一个目标一致的团队,然后他们能努力工作并保持能量和信念——通常是在资源不足和时
间紧迫的情况下。

在绝大多数建设项目中,参与者聚在一起工作仅仅是为了一个特定的项目。随着项目
的完成,或者,更准确地说,随着参与者的分包工作的完成,个人与项目之间的关系随即
终止。这意味着,项目团队通常由与前一个项目不同的成员组成(大型和重复性项目除外)。
即使有同一机构参与,也往往如此,因为机构内不同的个人会根据内部承诺的工作量被分
配给项目。所以,需要用沟通来加强劳资关系,从而提供使团队迅速、有效发展的手段。
关系有可能波动和对立,从而使组织间的关系难以形成和维持。在一定程度上,诸如伙伴
关系、战略联盟和集成供应链管理这样的措施有助于减轻分裂效应,尽管它们可以通过更
传统的途径,但依然格外依赖于团队成员有效互动和沟通的能力。因此,无论采用何种方
法,项目运行的基本原则保持不变,即我们依赖于找对的人来做对的事。称职的事务所的
能力和发展是建设团队成功的关键因素。主要建设人员的性格和行为在很大程度上影响着
项目的成败。鉴于有大量的专业人士参与项目,且他们之间往往存在复杂关联,应该问些 48
与项目组建相关的简单问题。其中应该解决的问题包括:

- ◆ 哪些专业人士和行业需要交付项目?
- ◆ 如果我们使用不同的施工工艺,需要更多还是更少的专家?
- ◆ 人与人之间何时与如何联系?
- ◆ 是否有另一个(更好的)方法建立这些联系?
- ◆ 可以减少或简化这些联系或接口的数量吗?
- ◆ 这些联系会出什么问题?

尽早面对这些问题,有助于确保项目成员之间的良好配合。同样,也有助于识别某些
接口的潜在问题,然后可以解决问题并顺应项目的规划和进度计划。

选择标准

机构有权直接控制组成办公室文化并有助于其营利能力的人员类型。新员工的选择不
仅取决于他们的技术能力,还取决于他们适应办公室主流文化的能力,这也是他们与新同
事进行交流和沟通的能力。在项目环境中,机构的组成,以及代表该机构的个人将由项目
经理或客户代表来决定。其结果是,人员关系被间接强加(有时并非自愿)给那些由其直
线经理分配到该项目的个人。项目经理很少直接影响由临时项目机构分配到项目上的个人。

随着关注焦点从程序到人的转移，人们越来越重视参与者的能力，以及他们的情商（EQ）和社交智商（SQ）。对项目经理、建筑师、工程师及其他主要成员进行预选或资格预审已变得越来越普遍。在某些情况下，项目经理被要求接受心理测试，以确定其适应大型项目的能力。许多情况下，将根据以往的经验来选择，这些经验是通过一系列面试以观察个人是否与客户相容而取得的。同样，客户越来越关注那些将为项目工作的人，并且通常会要求查看主要参与者的简历。他们将平衡考察资质证书、经验及持续专业发展的证明。有些客户还会要求约见可能在项目上工作的人员，以寻求社会兼容性。评估潜在的项目参与者，不仅要考虑他们的技术背景，还要考虑他们与其他参与者的兼容性，以及共同工作的潜力，也就是说，要考虑将能力和个性与特定的临时角色和任务相匹配。

根据项目的内容和阶段，选择标准可以包括以下内容：

- ◆ 态度。必须解决组织和个人对他人（和项目）的态度，以确保与项目目标的兼容性。信任（和不信任）的程度受到态度的影响，风险也是如此。
- ◆ 可用性。人员是否有空参与项目的全过程？或者，短期参与后再转去其他项目？
- ◆ 沟通技巧。个人能否以有效的方式在学科组内和学科组间进行沟通？
- ◆ 兼容性。如果组织和个人的价值观不兼容，很可能会令沟通效率达不到理想状态，并可能增加自然冲突的风险。需要确保临时项目组织的成员就每个问题达成一致，并有信心挑战他们的共同参与者。必须避免群体思维。
- ◆ 成本。人员成本是个重要的考虑因素，经验丰富和经验不足人员的组合，有利于将成本保持在可接受的水平。
- ◆ 经验。个人经验及相关的项目经验将影响互动的类型和程度。理想情况下，经验丰富和经验不足的参与者的组合，将形成一个均衡的临时项目组织（TPO）。项目团队应避免由大量缺乏经验的参与者组成，因为缺乏经验将导致效率低下。同样地，也应避免由大量经验丰富的员工组成团队，因为这样效率低、价格高、资源浪费。
- ◆ 成熟且情绪稳定。在项目中能够应对压力和突发事件，且与他人打交道时情绪稳定和一致，是成熟的标志。这与那些在 TPO 中担任管理职位的人尤为相关。
- ◆ 动机。动机水平可以影响在 TPO 中的互动，虽然这很难通过面试或简历来评估。
- ◆ 人品。能够共同工作非常重要，因此，应避免个性冲突。然而，这只能通过工作开始前的互动（最好是团队建设研讨会）来探寻。如果不能安排一个研讨会，至少也要根据个人在以往项目上的声誉或经验来选择。
- ◆ 资历。教育背景和学历表明个人的学术能力。终身学习的证明有助于证明个人对专业和个人发展的热情。资格证书有助于确定专业人士和行业人士是否具有特定条件下的工作资格。
- ◆ 技能。技能可以通过教育和培训证书以及以往项目上的表现来证明。技能涉及技术能力（符合学科预期）和社交能力，如在项目内不同层次间的沟通能力，以及与其他学科合作的能力。技能通常可在以往项目上得到证明，因此往往可以根据个人的最新项目来评估其技能。

♦ 价值。价值观的讨论也与个人所承担的角色及其个人和集体的责任有关。有必要尽早讨论角色和责任并达成共识，以避免（至少减轻）随后进程中出现的问题。应邀请顾问与客户和项目经理一起讨论价值观。顾问聘请应在建立一定的相容关系之后再进行。

选择管理者

51

管理者的经验和个人特点将对项目的发展产生重大影响。项目经理（监督整个项目）、设计经理（负责设计质量）和施工经理（负责建筑工程的质量）的角色影响重大，不应心血来潮地为特定项目分配这些角色。重点在于，为项目任命最合适的项目经理，正如前述章节所强调的，这首先需要透彻了解项目背景。例如，一个快速商业项目所需的项目经理，与那些从事装修工程的人有着非常不同的经验和能力。

关键人员的选择创造了个人与雇用他的机构之间的接口和界限。个人通常由其雇主分配到项目上。有时，经验丰富的客户会要求指定的人为其项目工作，因为他们有着丰富的过往经验。选择项目的关键人员可能需要利用下列技术中的一项或多项：

♦ 入围名单。这是基于教育、资历、经验和工作能力等拟定的。

♦ 面谈。通过正式和非正式的面谈，有助于确定个人的社交能力。

♦ 心理测试。性向测试用来测量思维和推理的智力水平。测试被设计用于特定角色，并在测试条件下进行。它们常被用于机构层级而非项目层级的高层管理人员的任命。

♦ 研讨会。用于探寻参与者所持有的价值观，旨在组建一支拥有相似价值观的团队。

机构与项目资源

理想情况下，会选择机构中最合适的人去从事该项目。然而，通常此人已被委派去另一项目，所以可能没有空。这样，可能会分配一个不太适合的人去该项目，仅仅因为他有空。项目资源会导致设计室需求与项目（和客户）需求之间的冲突。远期规划对机构效率至关重要，因为它会综合考虑，为新项目寻找最合适的人。因此，并非总是"最佳工作人选"，而是那些不太忙且有空参与项目的人。必须灵活管理机构的项目组合内不同项目需求间的冲突，使建筑师事务所可以最好地使用自己的员工；临时项目组织得益于那些"最合适的人"，个人则得益于具有挑战和趣味性的项目。

52

建立有效关系

项目启动会议可用于召集主要利益相关方的代表。这些早期会议应包括客户或客户代表、建筑师、工程师、项目经理及（如果当时知道的话）总承包商和（或）专业分包商。

对诸如社会住宅这样的建筑类型来说，还应包括用户群体代表。这些"让大家认识你"的会议应被用来探讨各利益相关方的价值观。有各种方法召开项目启动会议。通常是由项目经理负责安排和主持会议。另一种方法是，由独立个人（某个对项目没有合同责任的人）充当主持人。主持人的主要目的是鼓励开放的沟通以及发展基于共同的价值观和相互信任的工作关系。这需要时间及一系列有助于建立团队精神的研讨会和活动。其后的研讨会应把重点放在增进团队互动及进一步发展基于信任的关系。

为实现目标而沟通

项目的效用和设计事务所的财务状况会受到个体沟通方式的影响。沟通问题涉及：采用最适当的通信技术（如项目网站），以及组合能够有效沟通的人和机构。人际沟通是有效的团队建设和日常工作的需要。互动影响参与者间的关系强度，并最终影响其传授知识和相应的基于任务的信息的能力，以成功完成项目。团队建设、讨论和分享价值、解决微小分歧和冲突、提出问题及建立团队成员间的信任仅是项目顺利进展的小部分关键因素，并依赖于成员们有效沟通的能力。因此，个人和机构的互动应该成为那些负责管理项目的人的主要关注点。

沟通的效果将对项目成果产生重大影响，进而影响到参与项目的机构的营利能力。没有有效的沟通，参与者就不可能成功实现项目目标。在大部分的沟通文献中，"沟通"的意思是"分享心思以达成互谅并获得回应"。这涉及信息发送者和接收者通过同步或异步通信进行互动的一些形式：

- ◆ 同步通信。这涉及团队成员在同一时间通过会议、电话和视频会议进行面对面的对话和互动来沟通。
- ◆ 异步通信。用于各方不在同一时间的沟通。例如，通过电子邮件和内网，通过邮寄和传真。发送消息并在随后得到回复，能够成为一种快速而高效的信息交换方式。

在两个或更多人之间表达自己的本意，目的是使某人的信息意图得到认可。通过信息披露行为简单地通知某人，被认为是沟通行为。人们有许多方法来介绍，让别人知道信息即将被披露，或者通过他们的非语言行为设定讨论背景。消息和线索可能非常微妙，但仍有大量信息传达给信息接收者。人在沟通时试图改变对话人的认知环境，其结果是希望改变接收者的思维过程。沟通所执行的任务，比简单地让某人知道我们要发送的信息复杂得多。对于"理解"的产生，大多数理论家声称，需要存在一个共同的社会背景。要进行有意义的沟通，我们必须建立在信息及基于暗示和线索而来的背景之上。这引导我们使用知识子集并帮助我们将信息联系在一起。所用的线索有许多不同的伪装。在谈话中提到某事或某人的正确模式取决于对话双方的共同立场。正是这个共同立场及相互理解，使沟通成为可能。同样，缺乏共同理解会造成沟通困难并引发误解。

　　在任何组合内沟通，都包括社交和任务两个维度。"任务"是：选择和定义共同目标，并致力于解决问题以实现这些目标；"社交情感"则关注群体成员间个人关系的发展和维护。开放和建设性的沟通有利于建立信任并促进项目成员间的互动。不幸的是，在动荡和危机时期，防御行为和无效沟通的增加往往导致关系的破裂，此时最需要团队成员间的沟通。有效合作的前提是，公开交换信息并分享工作责任。建立和维护完成任务所必需的脆弱的专业关系是项目成功的基础。

　　面对面互动是处理争端、解决问题、消除冲突和建立关系的必要条件。提高个人与群体的沟通效力有助于提高个别机构的表现，进而能提高项目的表现。建设团队内最佳实践的特点体现在公开交换信息和良好的沟通，使任务的责任和权利得以谈判和共享。

接口和语言

55

　　有效沟通需要在两个层面上进行：组织内和组织间。在建设项目内，组织和文化的边界是不断变化的；每个人在各自目标的特定阶段进入和离开团队，且团队的规模和格局不断变化。在边界条件下，个人可以用不同的语言来表达自己。显而易见的文化边界是客户与简报接受者、简报接受者与设计团队、设计团队与承包商，以及承包商与分包商之间的接口。此外，还存在一些较微妙的边界，如建筑师和工程师之间。在许多情况下，交接效率高，项目进展顺利，就能交付令客户和终端用户满意的建筑；反之，则交接困难，可能迅速失控而引发争执。

　　专业人士创建了专业语言，使用专属于其专业背景的单词，使他们能够向同行迅速传播特定的事实和观点。这种专业术语是一种经过编纂的语言，很难被那些游离在专业文化以外的人理解。如果没有足够的背景资料和注释做支撑，使用某些单词或短语可能会引起混淆。某些单词被用于特定情境和被用于一般交流时将具有不同的意思和信息。当来自英国不同地区的工人以不同的文字叙述同一件事情时，就可能出现混淆，地区方言可能会带来更大的误会。在欧洲，建筑工人中的移民越来越多，且很多工地被发现拥有使用母语沟通的各国工人。在这样的环境中，即使每个人都想把工作做好，也极有可能发生误会。

信任

　　"信任"已成为竞争激烈且普遍缺乏信任的部门内的首要问题。当成员以协作方式（如合伙人协议）开始工作，透明度和信任度问题就显得更加重要。我们必须信任一起工作的人，他们也必须信任我们。这种状态不是一朝一夕形成的，赢得信任是个发展的过程，通常需要很长时间（并且，也可能在瞬间失去信任）。信任很大程度上取决于我们有信心相信他人的承诺，并致力于共同的项目目标和价值观。因此，我们不相信机构本身，而相信在机构中工作并与我们有定期接触的个体。当成员辜负期望时，对他的信任即开始减弱，并且，信任一旦被破坏，就很难再恢复至原有程度。

56

发展、学习、测试和再次获得信任，需要人际交往。在设计事务所内，员工间有定期交流，其信任程度和水平通常很好了解；事实上，很多建筑事务所依靠相互信任和尊重，而不是规则与条例，来实现其目标。然而，通过信任来管理，在项目背景下并不能轻易实现。如果人们仅仅偶然接触，并持有不同的机构价值观和目标，发展信任将更具挑战，因为人们很少有机会充分了解对方，并发展信任。这就是我们之所以要有合同的原因。

◆ 在办公室内，随着时间的推移，信任将伴随相对稳定的关系的发展而发展。

◆ 在项目环境内，关系不够稳定，且参与者每天在不同的机构内工作。因此，互动机会较办公室少，也更难发展信任。

有效管理会议

之所以要举行会议，是因为工作不同的人必须合作和沟通来完成任务。除了促进信息交流和决策活动，会议还用于评估、联系、控制、协调和解决。会议不应被视为用于制定决策的孤立事件，而应在更广泛的背景下来看待。这包括扩大了的社交圈，可用于分享和处理信息、制定和确认决策、发展和维护关系。无论项目选择什么样的管理框架，都将涉及若干会议，应战略性地规划这些会议，使其更有效率。在项目期间召开的很多不同类型的会议具有多种辅助功能，其范围从非正式会议到正式会议，从即兴安排到战略规划，主要包括：

◆ 启动项目

◆ 建设和维持有效团队

◆ 探寻价值观并就价值参数达成共识

◆ 讨论和审查设计

◆ 讨论项目进度

◆ 解决分歧

◆ 交换知识

◆ 关闭项目

◆ 移交项目

◆ 分析项目

管理者还应意识到，很多决策是在会议之外形成的，它既可形成在会议开始之前，也可形成于茶歇或会后的讨论中。这些讨论往往是两三个人之间面对面的对话，且他们急于就某一问题达成共识以提出统一意见，从而有助于避免后续冲突。管理者应保证与会者在会议开始前有足够的时间来面谈（例如可在场地周边步行讨论进展情况），以及有足够的茶歇时间使人们对有争议的问题达成共识。

从设计事务所的角度来看，会议可分为设计室内部会议（仅限设计室成员）或外部会议（有外部成员出席）。比较典型的会议包括：每周定期举行的、仅与设计室成员一起讨论项目进度的会议，以及每月定期举行的、与具体客户和团队成员讨论项目执行情况的会议。正式的定期会议和非正式的即兴会议都提供了讨论和分享知识的有效途径。会议可以是建筑师事务所的内部或外部会议。

♦ 内部会议。内部会议仅限于机构成员（或在大型机构内特定部门的成员）。在这种熟悉的环境中，可能相对随意和轻松，因为参会人员彼此信任。讨论往往相对开放，且有共同目标。内部会议可用于设计室内的知识分享。利用来自"质量圈"或"建议系统"反馈的意见，是日本的全面质量管理（TQM）理念的核心。质量圈以小团体（5 至 12 人）组成时功能最佳，公司成员往往在正常工作时间以外定期会晤。除了帮助解决工作上的难题，质量圈似乎还能通过增加参与重要决策活动的机会，提高个人对公司的满意度。如果其想法和决定被管理者忽视，质量圈就可能产生负面影响。

♦ 外部会议。外部会议包括来自其他机构或部门的人员（也许是竞争对手）。这种情况下，人们期望采取更加正式的方式，自然地，参会人员对彼此的信任度也较低。讨论往往相对谨慎，参与者的目标也可能各不相同。外部会议如：现场进度会，及有客户出席的会议（如设计评审）。当设计室以外的人员参会时，会议规则就变了。沟通对象是其他机构的人员，所以需认真考虑所用的语言类型及讨论的公开程度。合作安排和整合团队的会议应以公开方式进行，可能很好地发展与会成员间的理解和信任。竞争状态下的沟通可能更加防御和封闭。一旦关系变成对抗性的，沟通也会变成防御性和封闭性的。

会议是一项既费时又费钱的事情。管理良好的会议是一个高度有效的群体沟通论坛，若有节制地使用，它对设计机构及项目进度的价值显而易见。为确保会议的有效性，必须：

♦ 建立明确的会议目标

♦ 确定谁应该参加、为什么参加？

♦ 分配时间以适应会议的目的并坚持下去。

♦ 确定最合适的地点（如工地现场或建筑师事务所）。

♦ 提前分发议程和相关报告（不低于会议前 3 个工作日）。

♦ 主持会议，让所有与会者有机会发言。

♦ 鼓励少言寡语的人，限制喋喋不休的人。

♦ 考虑阶段性参与大型会议。

♦ 为预计持续超过 1 小时的会议设置短暂茶歇。

♦ 确认所有决议及为实现任务所分配的职责和时间，并确认这些被记录在会议纪要中。

♦ 在会后及时分发会议纪要（两天内）。

项目到事务所的接口

在项目初期，很难预测项目是否能按计划正常进行。当项目延期，或因某种原因停滞而完全超出了事务所的控制时，早期与客户会晤所产生的能量和激情可能被误导。这意味着，对个别项目所需资源的预测再好也是相当粗略的。但是，这不能成为不做临时计划（用于应急）的借口。一个项目需要资源，就会对其他项目产生不利影响，除非存在其他形式的（变通）计划。怀着项目能顺利推进的愿望，建筑师必须考虑，在未收到付款的情况下愿意花多少时间在项目上？很多情况下，建筑师作为推动者，在项目启动前帮助客户将各种举措落实到位。这项工作对客户具有相当大的价值，建筑师应为其所参与的工作收取报酬。客户喜欢公开讨论这些问题，并与建筑师事务所就工作范围和酬金达成协议。

第 4 章　探索客户价值观

　　全面确认客户需求和期望的能力，是每个项目的基本组成部分。这是通过简报过程实现的，在此过程中，客户和简报接收者互相交流，以探索各种可能与偏好。其结果是一套文件，即"简报"，它清楚说明了需要什么、为何需要及何时需要。简报告知和指导了设计团队，还被客户用于核查竣工后的建筑物是否满足自己的愿望。鉴于简报过程及由此产生的简报的重要性，有必要管理这个不断修订的过程，既允许一定的灵活度，也需"固定"特定的里程碑，以使该过程易于管理。在有些事务所，设计经理可能直接参与简报过程，但间接地参与管理会议和协调资源，以确保在时间和资金有限的情况下尽可能地开发简报。随着项目的发展，设计经理应监督进程，以确保设计和施工阶段尊重简报，或者，若确认简报变更势在必行，且已获得客户同意和签字，亦可反之。

理解简报阶段

　　"客户简报"是一个术语，通常用来描述项目中投资商聘请专业顾问讨论和探究其梦想和愿望的阶段。简报是一个创造性的过程，包括一系列旨在探索、揭露和确认客户需求
和价值观的活动。其结果是一份的清晰、明确、简洁的项目需求清单，被汇编成书面简报文件。重点在于收集和分析数据、讨论和统一价值观，以及确认需求。这些活动向设计传递了信息，是设计进程不可或缺的元素，需要良好的沟通技巧。简报文件实际上是一份建筑标准说明书，呈现为一整套的性能及规范要求。这些要求随即被质疑、挑战、修订和重述，并在设计阶段被重申，以期形成一套反映并强化客户需求和愿望的产品信息。这是一个反复和动态的过程，给设计经理提出了一系列挑战。尽管流程图显示了相对清晰的简报活动各阶段，但由于项目在初期的不稳定性，事实上，该流程也许难以绘制。同样极其困难的是，将简报活动从很多项目的设计工作中分离出来，很多设计师将概念设计作为探索客户背景并进而形成简报的一种手段。书面简报具有很多不同的功能（有时甚至是冲突的）。例如，简报文件构成了客户与项目团队之间的沟通依据，同时也构成了客户与项目团队间的部分合约。简报还树立了项目后评价的基准，其目的在于努力使客户和用户的满意度与初始简报相匹配。

　　在简报过程中阐明客户需求是项目中最重要的事之一。项目简报设定了设计决策的背景。良好的设计和满意的客户往往与一个管理完善的简报过程相关。空泛的项目简报会浪

费时间，因为在后续阶段需要为确定或重新界定客户需求做出额外努力。管理不善的简报工作会导致信息不畅，进而令项目成员无法充分确定客户需求。不确定性可能会导致不恰当的设计，以及在概念设计阶段为符合客户价值观而做的重新设计。糟糕的是，客户期望与实际交付成果之间的差异可能直到项目的后期才会显现出来，从而导致施工期间代价昂贵的返工，以及引发纠纷和冲突的可能。简报常常在没有充分考虑后果的情况下草草完成，伴随团队组建，在此所耗的时间能为后续进程节省大量时间，有助于降低不确定性和减少无用功。更好地了解简报过程是更好地管理客户简报及其后续行为的基本要求。

简报是一个重要的沟通渠道，它依赖于有效的沟通及良好的倾听技巧。客户与简报接收者之间的沟通有效性是一个关键因素，在此，为了有效推进简报进程，需要建立和维护客户与简报团队间的共鸣。该共鸣对于开展有效对话、感知和探索价值观以及发展基于互信和公开的工作关系至关重要。最有资格接收简报的人必须深刻理解设计在促进客户的事业和生活方面的价值，还应理解并注重客户的业务价值和生活方式。利用可视化技术、头脑风暴及团队练习可促进简报进程。该进程的有效性还与采购方式及初期顾问有关。简报进程的管理方式将受到项目的规模和复杂程度的影响。其有效性将受到简报接收者梳理要点、表达要点再将信息传达给设计团队的能力的影响。

简报方法

客户预期给专业顾问为客户简报寻求可行和经济的解决方案时带来很大压力。对重大项目来说，项目经理或客户代表通常会协助客户开发简报，且设计师很难与客户及建筑使用者直接接触。对小型项目来说，建筑师全面参与简报阶段并与客户和用户密切合作较为常见。简报阶段的管理取决于项目背景及项目团队的态度、价值观和习惯。毫无疑问，简报进程是一个创作活动，在此期间，客户和设计师需要加深理解、彼此尊重和相互信任。从管理的角度来说，必须意识到，简报进程是个反复渐进的过程。需要将简报控制在某些阶段，以使设计过程更易管理。尽管从业者在他们的简报方式上几乎没有任何区别（该方法是为适应客户背景定制的），在文献中，关于简报，依然存在两种不同的方法和学派。

第一种学派声称，在任何设计活动开始前，应全面探索、讨论及认同客户的价值观，并将其记录于项目简报内。这样，项目简报是一个"静态"文件，其后的设计由此展开。简报变更只有在征得客户同意后才能进行。在这种方式中，简报阶段与设计进程的其他阶段相分离。从设计管理和客户关系的角度来看，这可能是最明智的策略，因为它是一条缩小客户期望与设计团队表现之差距的途径。这种方式也是公共项目所必需的，为便于竞争，其简报由不参与项目的专业人士来完成。形成静态简报也是一个完善的质量管理体系的核心，在该体系中，简报是由客户认可并签收的。从管理的角度来看，一套静态文件最易处理，但鉴于项目所承担的时间压力（由客户带来），几乎不可能在设计活动开始前确定整个简报。因此，由客户确定并签收部分简报，将不确定部分留给未来依项目计划日期所签订的协议。所以，"静态"这个词有一点点误导，因为我们有机会在预定点重新评估、商定、重申和批准项目要求。这样能节省整个计划的时间，但仍然遵循质量管理体系。最大的挑战是客户的要求会随着设计活动所展示的不同方法和备选方案而变更，这样，那些文件将变得过时，并在更新前不会再被设计师阅读。这种静态方式还假定简报接收者具备以书面形式表达客户需求的能力；事实是，客户与设计师之间的沟通是全面探索相关问题所必需的，在此期间，简报文件将被重新评估。

第二种学派认为，简报过程应持续进入并超越概念设计阶段（有些观点认为到施工阶段）。这里的理念是，简报是发生在整个设计（施工）阶段中的一个反复的过程。通常情况下，尤其是在非常小的项目中，简报与设计活动之间的区别很小，某些情况下，可能没有书面简报，只是一套反映客户要求的图纸和图表。设计作为一种探索客户需求的手段能够成为一种强大的工具，并且，对某些类型的项目和客户来说，是一种非常有效的方法。简报进程的"终点"汇合于一套完成的设计图。在许多方面，这种观点表达了设计作为一个创作过程的"经典创意"和"杂乱无章"。这种做法可能适合某些客户、项目及建筑事务所，但它的确使符合质量管理程序的简报过程管理变得非常困难。如果在随后的进程中真的出了错，几乎不可能再使设计决策追溯至明确界定的客户需求，因为在设计过程中，两者的界限已经模糊。

高效、实用的简报依赖于几个相互依存的通用领域，项目规划始于定义一个适用的流程框架。它也许是一张遵循《RIBA 工作计划》的简单的条形图，其中确定了关键日期、责任事项及决策的最后期限，或者，它也可能是一张更加复杂的活动计划表。第一项任务是为项目讨论和商定一个适当的计划，其中考虑到客户参数及设计事务所的资源。该计划应清楚标示关键日期，并建立一个设计团队会议计划、战略复审安排及批准关口。该框架为沟通和信息流通设置议程，应明确、简洁和及时，并包括来自其他项目和产品的知识。由此，在获得充分信息的基础上制定决策，并通过简报阶段将其逐步确定下来。鉴于简报工作的交互性质，所有的决策都应推迟到最后的责任时刻，以图最大限度地为客户创造价值并降低风险。在简报实行阶段，应识别、讨论和记录主要风险。当涉及多个专业时，对简报进程的某些方面建立责任至关重要。而且，有必要在项目的关键点纳入评价机会——控制关口——以配合决策制定。这有助于明确决议并重新强调角色和责任。其目的是探索和了解基本议程及项目背后的动力，从而通过规范和性能的要求阐明客户价值和需要。

理解客户

设计和施工过程是客户与项目参与者这两个复杂、紧急和高度动态的系统相互作用的过程。以结构化的方式揭露、探索和捕捉客户价值和目标是必要的，而要做到这一点，建筑师必须了解他们的客户及他们的需求。价值管理和精益思想的目的是最大限度地提高客户价值和减少浪费。不理解客户就很难界定价值观，并且没有明确的价值观，同样很难在真正意义上界定浪费。这是设计管理中得出的一个重要论点，因为要管理的正是客户的价值。通往精益设计和施工过程的途径应始于对客户更深入的理解。

大多数教科书倾向于假定：客户是一个明确的实体（一个人或一个群体），它具有一致的价值观和可以清楚表达的价值参数。在大多数情况下，"客户"是一个高度复杂和动态的系统。对于小型的家庭业务，客户可能是代表家庭利益的妻子或丈夫。在这种情况下，客户会对项目投入自己的资金及大量的精力。捕捉家庭的需要和愿望，可以在与所有家庭成员面对面的基础上进行。对于较大的住宅开发项目及其他诸如商业策划类的项目，客户是一个商业机构。在这种情况下，客户代表可能是一个或更多的人（因此被称作"客户团队"），他们收取工作报酬，自己却很少是建筑的投资者、所有者和使用者。这使得在实践中捕获和传达"客户价值"变得特别困难，因此用户群体必须具备代表性。

建筑师应代表三个不同群体的利益：建筑物的业主、使用者及社会。这三个群体在建筑生命周期的不同阶段对不同的事物有着不同的价值观。关键是建筑物何时竣工并投入使用，其中，耐用性、实用性和美观体现了三个群体各自的主要观点。但也存在对"建筑在未来的价值"或"对未来用户来说的价值"以及"建筑在实现过程中的价值"的看法。价值观不能被明确地衡量、表达和传达，而必须通过互动和交流过程来学习和理解。这项业务在简报过程中显而易见，是所有参与者的学习过程。

业主客户

客户通常被定义为：首次客户（无经验的）、偶然客户（具有一定的工程经验）和重复性客户（有经验的）。客户也可被定义为"在竣工建筑中拥有短期利益（开发商）或长期利益（业主）的人"。

◆ 首次客户。首次客户在设计和施工过程中将需要指导。此类客户可能仅仅委托设计和施工服务一次，例如，业主希望为不断成长的家庭提供更大的空间。在此，简报将是一个定制的文件。需要努力确保客户充分理解所做决策的意义。可视化技术和简单的图形对此非常有用。

◆ 偶然客户。"偶然客户"一词往往被用来形容相对较少委托设计和施工服务的人或机构。其委托的间隔可能很长，且项目类型也可能与第一次非常不同，因此，要从以往的项目中获得经验可能面临挑战。其简报很可能是一个定制的文件。

◆ 重复性客户。重复性客户往往是拥有大量资产组合的重要机构、企业和组织。典型的重复性客户可能是食品零售企业、连锁酒店等，在此，建筑项目的委托更可能是一项战略性采购策略的一部分，与机构及其设施/资产管理战略的经营目标密切相关。在此，有机会建立一支能从一个项目学习和转移到下一个项目的综合团队。同样，提高管理设计和施工活动的能力也会呈现给重复性客户。对重复性客户来说，简报可能包括以往项目的共同要素，它代表了客户机构的价值和知识，并被编纂成一个标准简报。

用户客户

用户的参与是成功简报的另一关键要素。建筑用户能够在数据收集上作出重大贡献，因为是他们（而不是业主）每天在与特定领域打交道。征求他们的意见，听取他们的要求，是简报进程的基本组成部分。对很多建筑类型来说，识别用户会成为问题，因为用户往往是个人和团体的不同组合。尝试和捕获所有潜在用户的意见往往是不切实际的；但可甄别特定用户群的代表并将其引入简报阶段。例如，人事经理、设备管理者及建筑维修管理员在代表广大建筑用户的利益方面都具有一定作用。用户咨询的过程通过诸如问卷调查和研讨会的方式，有助于提供必要的用于分析的信息和知识，其结果可被进一步采纳作为一组价值参数。这是"第一代"的用户参与，需要考虑一定的灵活度（和预见性），以便在简报发展过程中考虑第二代及随后的建筑用户。

社会客户

"社会客户"一词是指参与项目但不参与任何合同协议的利益相关者。邻居、当地的利益和压力集团、城镇规划和建设管理人员都将是利益相关者，但在许多情况下，这些人可能永远不会使用该建筑。住宅物业的小范围扩建可能与社区无关，但可能对近邻产生重大影响。对于较大和较重要的开发项目，往往需要进行某种形式的公示。这可能与城镇规划过程相关，或可由投资方发起，积极主动地听取当地社区的意见。应认真组织公示活动，使社区成员有机会积极、及时地作出贡献。与用户参与相类似，必须考虑未来的社会需求，因为该建筑在现有社会客户之后将依然长期存在。

授权给客户

在许多方面，简报是一个教育的过程。客户被鼓励去思考和阐明其价值和需求，以便更多地了解其机构的需求。同样，建筑师会学到很多有关特定客户及其商业价值的知识。重要的是，讨论有关可持续发展的价值观和理想，因为它们代表了一种特殊理念，该理念必须呈现于简报中以便被有效地实施。例如，在战略简报中说明"该项目将包含可持续设计"，就可能影响到方案设计和实现设计团队的选拔，将选择能够证明其有能力进行可持续设计的组织和个人。

为使简报过程更为有效，客户或客户代表必须对自己的组织及其价值有充分认识。未能与简报接收者创建有效对话可能导致后续进程中的问题。参与项目往往有利于客户。例如，可以帮助客户更好地了解项目动态，从而拥有所有权和授权。早期参与对于开发项目团队中的开放沟通和信任关系也是必不可少的。早期参与还为主要成员提供了在项目初期讨论重要事项（如可持续设计、全寿命成本、适应性设计及创新办法）的机会。客户和用户群体的深入参与有助于限制后续进程中设计变更的次数。有些客户不愿或根本无法参与项目。他们更喜欢"放手"的方式，如果不谨慎处理，这可能会导致沟通和决策方面的问题。客户价值（如家庭价值或商业价值）应体现于建筑物的价值参数中。

69 还有一个强烈建议：在早期简报阶段就纳入建筑用户（尽管并非所有建筑类型都有可能这么做）。然而，某些形式的"用户"代表应加入简报过程并持续至整个项目周期。利用可视化技术（如草图和数字模型）能够帮助弄清客户的好恶。这对新建建筑的客户特别重要，他们可能无法读取二维图纸或完全理解书面项目简报的复杂性及影响。这不应与早期的设计过程相混淆；它更多的是通过研究先例来测试设计思想。

客户设计顾问

2005 年，英国皇家建筑师学会（RIBA）开始注册客户设计顾问（CDA）。注册的是，经 RIBA 认证、为客户在购置房屋的全过程中提供指导的、经验丰富的专业人员。其目的是为客户提供直接、独立的意见，以便最大限度地获得价值和质量。客户设计顾问最有可能的是建筑师，但他们独立于设计团队，为客户解读建筑的价值和愿望。客户设计顾问在项目初期提供建议和帮助，以制定项目并努力确保实现设计的质量和价值。其目的是确保设计成为公共部门采购计划的一部分，帮助客户、用户、社会和环境创造高品质的建筑。客户设计顾问将首先维护设计质量，通过竣工后简报为客户团队在客户的商业案例及项目启动方面提供建议。价值与风险管理，以及在诸如伙伴关系和团队组合方面的意见具有重大作用。客户设计顾问将有助于维护良好设计的重要性及其与优秀建筑的关系。

建立价值参数

客户表达其欲望和需求的能力各不相同。有些能做得很好；有些则需要得到一些鼓励和提示。同样，建筑师和其他专业顾问倾听其客户并在书面简报文件中解读意义和表
70 达需求的能力也各不相同。客户使用的语言可能与其所属行业有关。例如，超市投资商使用的语言，可能与游泳池或家庭住宅投资商的完全不同。建筑师必须能够适应不同的语言，并在字里行间解读和在一定程度上猜测客户需求。通过简报过程发展的关系，有助于简报接收者和客户探讨很多问题，开始了解各种语言的特质。对价值观和目标的探索，也会通过面对面的沟通得到加强。在某些方面，这也与客户的经验和阅历水平有关。客户需要得到授权和鼓励去获取项目的"所有权"，尽管不是所有客户都愿意或能够参与进来。在整个简报过程中，应强调在项目利益相关者间发展共同目标。"利益相关者"一词用来描述一个群体代表，如持有该项目股份的客户机构成员、项目团队成员或地方利

益集团成员。其中一些利益相关者将被雇佣来做决策，一些人形成决策，其他人则将试图影响决策以符合其自身利益。讨论利益相关者的价值观并探索项目目标需要使用会议。正是在这些会议上才能讨论理想和约束，并确定关键日期。应遏制迅速到来的压力，直至定义好价值参数，商定好工作方法。

有很多战略和工具可以帮助发掘客户价值，从而确定项目价值的驱动力。在大多数情况下，有大量数据可被收集，但因时间和成本的限制，有必要限制数据收集工作而使其成为可管理且负担得起的任务。这些数据必须是相关的，与那些经验不足的人不同，经验丰富的简报接收者几乎本能地知道哪些相关，哪些不是。其目的是探索并确定客户需求。这些可以表述为：性能要求、需求说明和价值参数。应抵御在早期阶段提供解决方案的诱惑。

一个有经验的简报接收者能够提取要点并清楚地向他人传达。但是，书面简报文件无法也不能传达客户在简报会议的人际交流中所表达的更细微的信息。其中一些在事后看来，可能会变成重要的观点，应在项目简报中清晰地说明。从设计师的角度来看，了解客户表达需求的能力、对建筑的某些方面表现出的热情以及对质疑的回应，都是创作反映客户价值的设计作品的重要因素。高级合伙人是与客户正式接触的，他们往往先听取客户需求和发展简报，再将文件在办公室内移交给设计师（有时会通过设计经理）。这种间接沟通有赖于客户、合伙人、设计经理及设计师间的良好沟通，但有时会造成误解。合伙人和设计经理无法以书面形式传达客户需求及相应的口头解释，可能会造成诠释错误，导致无效工作。不必说，在这点上，有些合伙人会做得更好些。如果分配到项目上工作的设计师能够参加一些客户会议，将非常有益，尽管实际上这并非总是可行。通过与客户的互动，书面项目简报中很难捕获的细微信息将被设计师领会到。为确保一定的平衡度，建议由两人（最好具有不同技能的人）出席简报会议，以确保清晰界定客户价值，并独立于简报接收者个人对项目的意愿。简报接收者的基本特征是：

71

- ◆ 一个优秀的倾听者。
- ◆ 能够机智而圆滑地探索敏感问题的能力。
- ◆ 能够简洁而不失对话精神地记录客户需求的能力。
- ◆ 能够清晰地向他人表达需求的能力。
- ◆ 愿意将客户需求与简报接收者的需求相分离。

数据收集

简报主要是一项研究活动，与所有研究工作相同，其成功取决于问题的架构模式。简报接收者在此阶段将与少数利益相关者互动。大多数设计机构使用典型建筑类型的标准清单，帮助指导数据收集及分析过程，此时很难提供精确指导；但是，根据项目的规模和复杂程度，可使用以下数据收集技术中的一种或多种。所有这些技术，最重要的是，设定明确的目标和时间表。

72

◆ 研讨会。虽然使用研讨会较为费时，但它是使人们进行面对面沟通的宝贵工具。为使研讨会更为有效，关键项目利益相关者应派代表出席，且应由经验丰富的主持人来管理研讨会。在群体环境中可用各种工具来探索问题，如头脑风暴、情景规划等。主持人的工作就是梳理来自客户的信息，而不掺杂自己的看法。研讨会允许讨论价值观并建立价值参数。在项目开始时，不可能深入了解客户的价值观，所以，研讨会主要关注探讨价值观并建立共同愿景。来自其他项目的知识和经验（如设施管理）也可带入研讨会中，以便更好地了解全寿命成本。

◆ 价值管理（VM）活动。这是基于研讨会的会议，在会上，客户和主要利益相关者探讨如何将价值赋予建筑设计。由独立于设计团队的主持人来管理研讨会。通过讨论相关问题，有可能及早探索和面对潜在的问题领域，识别能够为客户增加价值的领域。客户都期待尽可能从自己的投资中获得最佳价值，而这必须以建筑物的全寿命成本来考量。

◆ 访谈。面对面访谈是发展客户需求的有效途径，是除研讨会之外经常使用的工具。与关键人员及选定的建筑用户或建筑用户代表访谈，可提供来自客户端以外的有用数据。标准的问卷调查和清单可以帮助引导结构化和半结构化的访谈。非结构化访谈可能是发掘潜在待议事项的较好工具。应在访谈前向受访者解释访谈的目的，以便其有时间准备访谈。

◆ 焦点小组。这是探索来自不同背景的利益相关者的意见和需求的有效手段，常常用于收集来自用户代表及社会团体代表的信息。

◆ 问卷调查。这最好在面对面的基础上执行，但通过邮寄或电子邮件分发问卷，也许可以相对便宜和快捷地向某些利益相关者收集数据。应仔细设计问题并使用简单的语言，以避免混淆专业语言和术语。常见的做法是，纳入一些与问卷受访者面对面的互动形式，并在研讨会式的环境中测试结果。

◆ 书面证据。很多信息可以从现有的信息资源中收集，如计划、维修记录、现有用户调查及设施管理数据。也可用年度报告、业务计划、管理结构和行动计划。

◆ 活动调查。现有空间随时间推移的使用情况视觉调查，可以提供与机构内空间使用观念相符或相悖的数据。空间使用情况调查需要进行至少一个工作周的时间，因此就所需资源而言，往往比较昂贵。

◆ 使用后评价（POE）。从当前客户和其他客户完成的项目中获得的知识，可以揭示关于产品和过程的大量知识，这些知识可以被用于简报进程（见第7章）。可以从有关运行成本和适用性方面的用户问卷调查、访谈、空间使用观察及设施管理/维修记录中收集这些数据。

◆ 先例研究和访问。从他人处可以学到很多东西。与客户和主要决策者一起，访问那些代表不同方式达到客户所需的类似预算和质量参数的建筑，是明智的。首先应得到允许，但这需要时间且并不总能达成。参观建筑对于"评估客户对内部空间的反应"非常有用，某些方面即使是最好的三维数字建模包也难以实现。访问可辅以照片、图纸及类似建筑的数字演示。诸如在地板上测量面积以形成对实际尺寸的印象的简单技术也非常有效。

◆ 模拟。演示虚拟的设计方案（比如三种不同的设计方案）以评估客户的反应，也有所帮助。客户最初的反应，无论是喜悦、震惊或失望，都可以帮助确定客户的喜好，从而引导过程——有时涉及"先例研究和访问"，有时形成部分早期设计工作。也可将游戏技术用于研讨会，以梳理客户和项目参与者的价值观。

数据分析和价值排序

数据收集和分析的重点是确定客户价值观。了解得越清楚，团队提交的设计就越好。普遍共识是，价值观应在计划的最后时刻才被认同和肯定。面对面的对话有助于探索和发展关系，进而发展成有效率的工作联盟，并为建设高效的通信网络做好准备。弄清决策者之间的关键连接，以便在生产前确定每个人选，从而减少下游的不确定性。数据收集和分析的结果是为项目建立基本价值—— 一个不包含任何图纸的非常务实的文件。应对这些价值进行优先排序，以使设计及详细设计阶段的决策更容易。现有很多工具可以帮助价值排序，包括价值管理和质量功能展开（QFD）。

书面简报

简报是一份旨在获取客户需求的书面文件（有时会辅以图形）。设计团队将开发概念和详细设计，以满足该文件所描述的要求。一份好的简报应包含客户目标、项目时间表、成本控制以及客户对建筑物竣工质量的预期描述。书面简报必须能向那些未参加简报进程以及可能永远无法真正见到客户的人传达客户需求。在设计阶段发生的任何问题通常都会向设计经理或项目经理汇报。

书面简报阐明了客户对建筑物的想象以及建筑用户的生活方式。设计团队使用该（组）文件开发概念设计方案。简报内容的阐述应符合逻辑并清晰明了。简报应讲述一个故事，描述要实现什么、为什么要实现它，以及支持对话的证据（来自数据收集）。可用图纸、图表、简图和照片支持该故事。该文件应提交指导设计团队工作的信息。典型的项目简报的结构如下所示：

◆ 任务说明。项目的理由，意图说明
◆ 目标。阐述如何实现意图的说明
◆ 重点。目标排序，使资源更有针对性
◆ 性能参数

◆ 所有主要参与者的责任

◆ 项目的时间框架，包括里程碑和竣工日期

◆ 辅助信息，如图表、示意图、照片和图纸

陈述需求

第一阶段是识别需求（图 4.1）。一旦确定，需将其提交给高级经理以便在进一步工作前获得批准，如果该决议得到肯定，则应将计划执行到位以形成战略简报，并在随后形成项目简报文件。

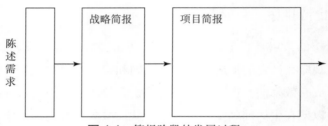

图 4.1　简报阶段的发展过程

战略简报

"战略简报"通常涵盖"项目的主要驱动力"，因而先于"项目简报"。这涉及《RIBA 工作计划》中的阶段 0 和阶段 1，即初期的信息收集阶段。信息收集涉及机构的类型、管理结构、政策变化走向及未来业务增长等。客户的核心业务将涉及其机构文化和价值准则。价值观与质量、成本和时间相关。设计价值观涉及美学、形象和鉴赏力。需要阐述和权衡这些价值观，使其富有意义。应在战略简报阶段讨论首选或预期的采购路线，因为它会影响关键参与者的关系，有时也会影响简报过程的管理。采购决策将影响开发项目简报的人，以及客户与简报接收者间的互动类型。利益相关者热衷于将他们的价值观强加给战略简报。该战略简报将包含文本及各类附属图表。

项目简报

项目简报应反映战略简报中探索和建立的整体战略。项目简报涉及特定的场地及其环境和项目需求。项目价值观应与战略简报所阐述的客户价值准则相关联。必须在书面文件中阐明各种数据收集和分析的成果。应简洁明了地描述项目目标和优先排序。简洁的书面文件不易引起他人误解。必须避免歧义，排除多余信息。价值观必须清晰明确。随后讨论需在项目简报中探索和阐明的典型问题。通常，会以更细致的水平开发相关领域（如装修和家具）的简报。项目简报可能包含规范和性能要求。性能要求往往被优先考虑，因为这些要求使设计方案可以在规定的性能参数内开发。项目简报包含文本及附属的图表、图纸和照片。还可使用实物和计算机模型。

项目简报是客户的价值观和需求（而不是设计方案）的说明书。随后，概念设计将努力反映这些需求。设计简报应是一份清晰描述客户需求、说明基本的项目参数和限制条件的简洁文件。这将有助于客户及其顾问考虑设计和施工阶段的最佳方式。其目的是降低与项目相关的不确定性。有很多针对不同建筑类型的清单。将在项目简报中探索和阐明的典型问题有：

- 背景。选址因素，涉及物理和环境因素，及社会、文化和政治因素。城市规划管理。地理位置将影响环境因素，如社区的参与。
- 设计。设计的实用性、灵活性和适应性。空间使用与活动相关。鉴赏力和形象。
- 舒适度。内部和外部环境，用户满意度。
- 环境。实现可持续发展、环境影响、能源使用、回收策略等。
- 财务。资金的来源和分配。调整现金流及临时项目预算。目标成本设计。资本成本，经营和环境成本，全寿命成本。交易成本。
- 法律事项。项目在法律方面的所有事项，包括合同协议。
- 风险。阐明项目和利益相关者的重大风险。场景和应急规划。
- 质量水平说明。建筑及建筑构件的预期质量水平。体现为"性能规格说明"。
- 时间。在临时计划中识别和阐明关键日期和重要的里程碑。由所有主要参与者认同和确认实际日期和终止日期。
- 责任。明确参与者的关键角色和责任，建立沟通路径。应明确主要参与者，讨论和确定责任界限。绘制关键利益相关者及其在项目中的角色架构图，有助于明确沟通路径。
- 采购路经。借鉴以上参数，确定相应的采购路径。
- 资源。参数和约束。

标准简报

很多企业客户在其重复性建筑项目（如快餐和零售企业）上使用"标准简报"。这类简报在不同的细节程度上阐述了典型建筑的技术和功能要求，反映了企业的价值观和机构的市场形象。某些标准简报就是规范和清单，例如，可用（或不可用）材料，甚至所用涂料的色标。标准客户简报本质上是一份基于客户以往经验提出的最佳解决方案的文件。因此，它们代表一个重要的知识来源。标准简报不是一成不变的文件；其内容将根据项目的最新经验及来自维修和设备管理部门的反馈信息被不断测试和修订。因此，标准简报将不断变化，展示随时间推移客户机构所发展的优秀的专业经验资源，它们被修订以适应不断变化的环境及更新的标准要求。它们提供优秀的简报文件和详细的设计指南（工作据此展开）。为了允许在项目中存在更多选择并鼓励创意和创新，有些客户还会在其中加上有关性能的元素。这些文件将包含文字及辅助的简图、表格、"标准设计"图纸及材料和饰面规格（往往是规范性的）。应该使用产品清单，如果可能，还应包含禁用产品清单。当设计机构为客户进行重复性项目设计时，根据标准简报开发定制的主要规格及建筑细部是一项标准工作。尽管很多设计机构以客户规格作为最终标准，某些设计师仍会时常对其内容提出质疑，尤其当客户愿望与其他组织（控制机构）的要求有分歧时。客户简报对概念设计和详细设计阶段都有指导作用。

简报的传达

清楚了解希望阅读和实践书面项目简报的参与者，可能有助于书写和传达项目价值，也就是说，简报应为目标读者而书写。该目标读者可能会影响简报所用的语言；但须始终遵守清晰、简洁和一致性的黄金原则。一些商业客户可能会对允许阅读书面简报的人加以限制，比如，当他们首先关注安全或商业利益时。

审查简报

应重视并确保项目简报在进入设计阶段前获得客户许可。或者，如果简报与概念设计同步发展，则有必要给客户提供多次确认当前状态简报文件的机会。汇集客户与其他参与者的有效工具，是一系列加以管理的、用于审查简报（及设计）的会议。审查是一件相对直接的事情：简报在与标准质量管理程序及项目计划相应的控制关口被"签署"。"审查"让客户和顾问在下一步工作前可以有机会去核查并认同"简报完成（问题制定）且能准确表达客户愿望"。当出现分歧时，可能需要在进入下一程序前进行额外的工作。如果了解到某些尚未解决的问题将在后续阶段被解决的话，在某些情况下，也可能继续推进工作。如果中介机构介入简报阶段（比如独立的项目经理），重要的是，应确保建筑公司的投资范围界限清晰并获得客户认可。这些程序是质量管理的核心。应确立项目经理和设计经理的接口，并在进入概念设计阶段前明确其职责。

项目到事务所的接口

在简报发展过程中，有机会评估项目进入可行性及后续阶段的可能性。在这个关键时刻，有必要重新评估项目所需资源，并评定设计公司将要面临的风险。设计经理的职责是准备一份所需资源的规划纲要，连同一系列应急计划。这些将取决于费用收入及项目时间表。应慎重考虑事务所现有和未来的可用资源，尤其是已经承诺或即将承诺给其他项目的资源。因资金和时间有限，公司必须运用其技巧以达到最佳效果。这是一个微妙的权衡之举，因为设计经理将努力使资源最大化，并在相对严格的参数内限制容量的过度或不足。简报进程做得越好，就越容易为后续阶段规划事务所资源。定义不清且粗糙匆忙的项目简报将给设计经理带来高度的不确定性，应抵制在未通过相应控制关口的情况下推进项目的企图，且必须为该阶段留出充裕的时间，并将其反应在与客户的费用协议中。当不明因素很多，不确定性较高，项目面临终止或延期的风险时，对项目进行资源分配将面临时间的挑战。设计经理需打理与客户、用户及社区代表的外部关系，还应关注在简报阶段与项目主要成员的额外外部关系。外部沟通途径将需平衡事务所以这样的方式来增进简报阶段的创造性投入的需求。

　　简报的持续互动涉及与客户和客户代表的密切接触。对每位参与者而言，这是一个学习的阶段，也是在事务所和客户间增进信任和相互理解的阶段。为在设计工作开始前做好简报并召集最合适的组织和人员来为项目工作而花费的时间，往往是很好的投资，它降低了不确定性以及项目后续进程出现重大问题的风险。某些客户需要信任这一点，且建筑事务所必须准备为足够的费用进行辩争，以便有效和专业地承担简报工作。客户和事务所之间的联系对发展有效的简报和工作关系至关重要，通过它可能会带来新的业务。因此，客户和事务所的接口还应关注销售和发展新的业务机会。

81

第 5 章　创建设计价值

　　一旦确立设计议程，重点就转向了创意设计案的开发及细化。设计价值大多生成于此，并在随后被编入设计信息，让别人来构建建筑。尽管建筑师将与他人（如结构和设备工程师）在跨职能项目团队中密切合作，他们仍是该早期阶段最重要的参与者。通常，工匠、专业承建商和制造商会参与早期阶段，就主要技术问题提供信息和建议，以协助设计集成及成本控制。根据所选的采购路线，总承包商也会被邀请参与设计团队的审议。这是一个极具创意（从旁观者来看，甚至是混乱的）过程，必须由设计经理精心设计，在项目参数范围内提供足够的创意空间。设计经理的职责是确保客户价值（设计意图）在不同的设计阶段最大化。这需要对项目进行仔细地规划和资源配置，再持续监控和调整，使项目与计划相吻合。

协同设计

　　建筑是一项协同完成的工作，当多学科设计团队通过共同创造的设计努力实现客户要求时，需要平衡承诺与妥协，讨论并共享价值观，以及管理冲突。设计经理的任务是，在这个充满创意和挑战的阶段，为这个多样化和临时性的团队提供一致的领导、情感上的支持和明确的方向。在设计室和项目层面对设计工作进行资源分配、计划和控制的方式，将影响设计团队的表现及设计决策的过程。至关重要的是，在设计工作室内，以及与其他设计工作室之间，沟通越来越多地通过设计经理进行。这将发生在人际层面，及小团体与多学科团队之内。信息通信技术、建筑信息模型和计算机软件可以促进沟通，允许创建和实现有机、流动和创造性的结构。这改变了建筑的形式与构造间的关系。也开始改变建设团队内的关系，重点转向集成、同步和协同的设计。数字技术有助于在制造商和建筑师之间建立直接联系，因此，在某些情况下，通过主承包商来传递设计信息，已不再必要。基于 Web 的沟通，允许设计团队同时在项目上工作，有助于促进团队合作和知识共享。不断协调的技能和知识，使过程更有效率和生产力，促进了成员间的沟通。更多地使用建筑信息模型（BIM）可帮助参与者在设计发展的这个及其后阶段，更加有效地进行沟通。

　　设计过程可被描述为一个"设计信息被记录、分类和不断更新以防止错误"的持续变化的过程。有关设计的知识存在于所有团队成员的认知层面、设计机构的协作层面，及由客户、用户和其他利益相关者构成的外部层面上。幸运的是，精心设计的文档管理系统和信息系统有助于控制每个项目生成的大量数据。

设计师通过收集、分享和转化信息，重复生成新的设计知识。设计团队以面对面的方式进行沟通，是促进这些进程的必要条件。从设计团队的角度来看，专业的设计知识往往深植于团队，需要互相分享以成为创作设计的有用知识。为了交换设计知识，参与者需要利用所有可用的沟通工具进行同步或异步的沟通。不是所有设计师都在同一时间以同样的方式来参与。有很多人以个体方式参与，独自工作于关键阶段，再返回到项目网络中。设计团队成员极大地依赖于最新的设计信息来完成自己的设计任务。

设计团队成员间的合作和设计工作的集成，在概念设计阶段可能不太稳定，对它的控制应尽量宽松以鼓励创意设计，也要足够严格以保障设计开发获得支持，并能按约定的项目里程碑交付设计。设计活动参与者对其所感知的与设计责任相关的风险总量可能持有不同意见，这也许会影响他们在设计开发期间的表现。设计团队将发展工作关系和有效的沟通结构，这需要领导设计师们迅速发展成为一个富有创造性和高效率的团队。

鉴于概念设计阶段的创造性和流动性，必须建立一个能激发创造力并提供明确的交付设计工作包里程碑的基本框架。没有框架，设计发展几乎不可能被管理。如果我们精心组建了设计团队，并在概念阶段努力保持团队精神，那么，任何开发方面的问题都可能是轻微且易于解决的。

详细设计

在多数项目中，概念设计和技术设计阶段间存在清晰的界限。期间，文化由抽象变具体，且有不同的人参与其中。概念设计师将让路给构造设计师、建筑技术专家和建筑工程师，以及各种提供支持的技师和相关辅助人员。专业承包商将更多地参与到进程中，承包商和工人也许热衷于提供其来自工地现场的经验反馈，以帮助详细设计的进行。其中大多数是由专业承包商提供的高度专业的设计工作。建筑产品和构件的制造商也有积极作用，他们常常提供技术支持，为他们的建筑构件和产品提供详图和规格说明。重点往往由美观转向与时间、成本相关的实际问题及制造和组装的可行性。然而，在详细设计阶段需要保持高度的创造性。植入概念设计图中的客户价值观必须天衣无缝地转化为施工图及后续的工业产品和构件。因此，概念设计和详细设计间的协同作用非常重要。在很小的项目中，建筑师也可能做详细设计。此时，从概念设计到详细设计的思维流向应相对直接。大多数项目中，详细设计由未参与早期创意设计阶段的人承担，他必须努力保证有效诠释设计的意图。

在此期间，许多关于如何建设的决定要在合同文件中确认。如何管理详细设计、由谁参与详细设计阶段以及何时完成详细设计，都将继续成为与施工部门的争论焦点，且在各项目间存在较大差异。然而，在项目生命的关键时刻，必须细化这些方案，它涉及各种不同的参与者。在承包商主导的项目中，承包商通常会处理涉及生产函数的详细设计。在建筑师和项目经理主导的项目中，在主承包商接手前，通常不会完成全部或相当一部分工作。

从管理的角度看，详细设计阶段涉及接口、边界和节点。应优先考虑协调不同的工作包和生产信息。参与者们不同的价值观、目标和态度应在规划过程中得到承认和接纳。对显而易见的困难，应有一定估计，以便充分计划详细设计活动并为其提供充足资源。

详细设计是一个至关紧要的阶段。该阶段可以提高设计价值，最大限度地减少材料和资源的浪费。在详细设计阶段做出的很多决定，或多或少地取决于已获批准的概念设计。但这并不意味着，该阶段仅是简单运用标准的细部节点和规格，它更是一个创造性的阶段，其中，很多细部是从第一原则和惯用的、不断受到质疑的细部设计方法中探索出来的。对所有参与者来说，这是一个充满挑战的阶段，需要协调各种工作包，并最终汇集成一套用于实际制作和装配的信息。它涉及加工和生产的信息，协调相互依存的工作要素，以及适时过渡和方便的入口。在此阶段，密切的工作关系有助于加强有效的信息共享及决策制定。利用其他成员的知识是提交价值的基础。其核心领域包括：

- ◆ 概念设计师和细部设计师间的密切合作
- ◆ 理解产品组装的约束和机会
- ◆ 正确认识产品价格

与制造商、供应商、承包商和专业技工的关系

成功的设计依赖于材料和构件的制造商和供应商与设计师之间的合作。在帮助设计师对建筑的特定部位进行细部设计方面，尤其是在设计师或设计工作室不熟悉该细部构造的情况下，制造商具有重要的作用。在大型项目或具有特殊细部构造的项目中，许多制造商会为设计师提供技术图纸及书面的规格说明，例如，幕墙公司将提供完整的文件包。这为设计团队省下了大量的制图工作，其重点将转至协调及核查来自他处的第一手资料。

制造商（其中很多都有自己的细部构造/技术部门）比大多数设计师和技术员更了解它们的材料和建筑构件。对很多设计师而言，制造公司或供应商提供的服务，与产品的品质同等重要。提供复杂节点的构造设计及书面的规格说明将受到时间紧迫且忙碌的设计师们的欢迎。技术热线及技术代表对工作室的即时访问，有助于提供产品规格知识，这是能给制造商带来超越其他竞争对手的竞争优势的重要服务。对各方而言，努力发展与制造商、设计师及承包商之间的工作关系，是确保无障碍伙伴关系的小小投资。

与总承包商的关系将因项目不同而不同，取决于承包合约的类型。即使采用竞争性招标时，设计师与专业技工也存在非正式的联系，他们可能会就细节和技术问题的"非正式"建议而接触。与专业承包商和专业技工共事，能帮助建筑师发展可施工性方面的知识，并将其引入设计进程。

设计对话

设计对话和面对面的会议是有用的载体，通过它，可以讨论和探索可行性与喜好，允许利益各方进行知识交换。人际交流为参与者提供了相互理解彼此知识和态度的机会，从而更密切地分享信息和协调各种工作包。面对面沟通是一个传达设计的丰富工具，尤其在早期的设计阶段，很多设计知识是隐含的、停留于设计团队的头脑里的。

设计对话是一种沟通手段，它最大可能地提供了交换的信号、线索和信息，因此是了解设计项目特征的最佳机会。发送者和接收者都能通过肢体语言、声音和草图直接交流。对话是非常有效的工具，可以借助草图和故事来刻画的设计，讨论与其他参与者的任务相关的设计问题。对话还可用于更好地理解他人在设计进程中的角色，并微调彼此的设计任务。

88

会议和研讨会

在设计阶段，会议往往是动态的，并常常要求在短时间内讨论、陈述和解决设计问题。面对面的会议是以整体方式发展设计的关键，它在加深团队成员互信及促进团队发展方面也起到了重要作用。会议往往分为两种类型：讨论设计发展的会议和讨论项目进展的会议。设计开发会议可能仅包括设计组织成员，或者，更可能是包括核心设计团队在内的其他一些专家。这些会议的目的是讨论和探讨设计的发展。面对面的讨论，有助于为特定的设计方案建立选项和偏好，也有助于揭示个人的态度和价值观。各类技能互补的成员聚集于同一地点讨论设计，是集成设计方法的主要特点。头脑风暴会议也可用于开发设计的特定领域。讨论设计任务的进展和适当的关闭时间非常重要，需要定期安排进度会议，以按照整体计划审查进度情况。客户应受邀与主要成员共同出席会议，了解进度情况，并作为项目团队的一分子为设计发展做出贡献。尽管这些会议将不可避免地讨论与设计发展相关的问题，但其主要目的还是讨论进度与约定的时间、成本及质量参数的吻合度。这些会议是认同和签署工作的好机会，也是重新评估临时计划和重新估算成本价格的机会。

促进研讨会也被当作一种探索创造性地回应项目简报的手段。促进研讨会可用于探索如何实现基本项目价值以及如何管理风险和不确定性。在此，提出一些设计方案，反映其如何满足项目简报要求，同时解决合同项目框架。讨论项目经济应遵循当局和相关规范的强制约定。提案可依照价值来考虑和排序（即优先排序）。因有大量信息需要处理，所以至少需要 2—3 个研讨会。促进研讨会的成果是筛选和认同最符合简报文件所表达的价值的提案。该提案将随设计的细化而被不断验证。

89

在项目初期，设计发展会议和研讨会具有双重作用。具有不同背景和教育程度的参与者往往是首次相聚，因此，研讨会将涉及探索相应的沟通方式和发展随着设计发展而演变的工作关系（团队建设）。会议可用于：

◆ 了解和探索设计团队对简报的诠释，并（在计划的特定环节）对设计达成共识。

◆ 解决各类设计工作包之间的冲突和分歧，使设计顺利推进。

◆ 就设计的可行性和实现设计进展交换经验和知识。

◆ 将成员聚集在一起面对面讨论常见难题，以发展团队精神。

◆ 评估和审查设计进展。

◆ 按照总体计划审查专项设计包的进展。

◆ 启动设计进程，介绍团队成员，明确他们的角色和任务。通常，客户也会参与该会议。

介绍设计方案

向客户和其他项目利益相关者清晰传达设计思想是一项重要技能。介绍方案需要利用很多沟通媒介：从书面报告和图纸到辅以图像的口头陈述。设计团队介绍其设计方案的方式将为客户提供很多有关设计师如何管理项目的信息。类似地，建筑师回答涉及设计，及与成本、时间相关的问题的能力，往往展现了他们在预算范围内按时交付高质量设计的能力。彻底全面的介绍应包括以下方面：

◆ 职权和责任范围

◆ 场地、简报及相关参数的分析

◆ 备选设计方案的设计图纸及支撑材料中所表现的问题的解决方法

◆ 成本估算（包括所有专业人士的酬金）

◆ 计划评估（包括对不确定性的识别）

◆ 建议

◆ 与客户和项目利益相关者的探讨事项

◆ 客户批准的进程

设计评判、研讨和评审

随着设计思想的发展，有必要对设计进行评判、讨论和审查，以确保提交设计的最大价值，及协调设计活动。设计分析的频率取决于项目的特点及（一定程度上的）项目所涉及的工作方法。三种最常见的审查形式是设计评判、设计研讨会和设计评审。

设计评判

设计评判往往是在设计所的密室内进行的相对随意的事情。为了在向客户及其他项目参与者披露图纸和相关信息之前提升设计价值，我们常公开或批判性地讨论设计。有些设计室根据设计发展的速度相对即时地进行设计评判。另外一些设计室则采取更为系统的方法，为设计评判计划特定的日期和时间，并邀请在其他项目上工作的员工来提出他们的意见和分享他们的知识。

设计研讨会

设计研讨会是短暂、激烈的设计活动，目的是为了解决一项设计挑战。这些活动往往被用于项目的概念设计阶段，尽管试图解决细部设计问题时也可利用它们的巨大影响。因其激烈而协作的性质，它们在发展团队方面也具有一定作用。

91

设计评审

设计评审是有计划的事件，是项目进度计划及项目质量计划的重要组成部分。设计评审构成了项目生命周期中预定关键阶段的控制关口。有效的设计评审应包括项目团队、顾问、质量经理、计划主管及客户或客户代表。设计评审应有客户及为项目工作的顾问参与，以便项目团队审查设计及所有经团队认可的变更，并将其记录于工作室计划中。审查制度本质上是设计进程中的一系列关口，项目未经质量经理的全面核查及客户和参与顾问的批准，不得通过该关口。这些会议提供了在项目继续进行前讨论和认同设计的机会；确切地说，它们应解决以下问题：

- ◆ 设计确认
- ◆ 设计变更
- ◆ 符合简报要求
- ◆ 法定许可
- ◆ 可施工性
- ◆ 健康和安全
- ◆ 环境影响
- ◆ 预算
- ◆ 计划

设计评审提供了一个帮助识别错误和疏漏的论坛。它为确保设计满足客户需求及建筑事务所的质量标准，提供了一个"检查点"，也给规划主管部门提供了一个检查计划是否符合《建设（设计与管理）条例》（CDM）的机会。更为重要的是，它提供了一个辩论和反馈的窗口。重点是，既要保持这些会议的组织性，又尽可能地不要太正式，以便能自由讨论设计思想并使项目的所有成员参与到进程中来。有计划的设计评审应成为健康和安全策略中必不可少的一部分，且客户、外界顾问、设计师、设计经理、项目经理及规划主管

92

可以审查和讨论潜在问题并采取相应对策。设计评审的另一目的是：核查项目是否符合环保（可持续性）的政策与实践。这些或许应结合客户需求和事务所自身对环保政策的追求，并已在简报阶段讨论和商定。随着项目的推进，许多情况都会发生变化，因此，依照预定

标准不断审查项目对环境的影响非常重要。

设计质量指标

设计质量指标（DQI）已经发展成为一项评估建筑设计质量的工具。该工具可用于项目开发、实现及使用的关键阶段，且非常适合与价值管理和风险管理技术相结合来用。四个关键阶段为：简报、设计中、入住时及使用中。这项工具依赖于参与者所完成的问卷，该问卷针对三个领域：建设质量、影响及功能。然后将结果直观地表达为"设计质量指标蜘蛛图"（图 5.1）。在项目的关键点上使用该工具，可以跟踪所有十大因素的重要性，有助于把注意力集中在那些未得到充分解决的领域。该工具有助于发展和保持一个明确的建筑设计目标，也有助于获取指导未来项目和现行建设管理的知识。

93

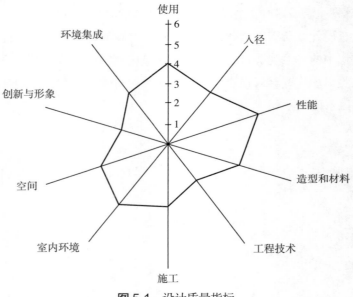

图 5.1　设计质量指标

设计工作的计划与协调

随着设计的推进，未知问题的数量越来越少，时间和成本的确定性就会增加。很多工具能够帮助设计经理和项目经理制定实现设计项目所需的各项任务的计划。明确的目标、时间表及价值参数将在简报阶段确立和商定。然后需要借助工作分解结构将该项目总体目标分解成易于管理的工作包。它有助于识别所需任务、识别和分配各个工作包的责任，以及识别各工作包间的依存关系。风险和不确定性也可能在此过程中被揭示。随后面临的挑战是，估计完成这些任务所需的努力水平（参见第 11 章）。从甘特图（横道图）到网络分析、前导图、平衡线（元素趋势分析）和时间里程图的各种计划技术可用于绘制活动计划。这些技术在项目管理书籍中都有详解，因而此处只做简要概述。

工作分解结构（WBS）

工作分解结构是将项目分割成更小、更易管理的单元，通常被分解为一系列任务、子任务、单项工作包及责任和努力水平。这是项目管理的惯用技术，已被证实是一个有效组织和管理项目的方法。值得注意的是，尽管该技术不处理相关设计工作的复杂性，以及设计活动的协调性，它仍可用于设计项目。但是，它能帮助管理者在简单层面上把过程描绘成一系列活动，进而帮助制定工作和工作进度计划。

甘特图（横道图）

甘特图是一个展示任务从项目开始至其结束的非常有用的方式（图5.2）。单项任务以横道表示于图中，显示了开始和结束时间及项目的里程碑。这有助于提供一个任务的直观轮廓，并能帮助发现明显的协调问题。项目里程碑在甘特图中被清楚标识。尽管对很多设计项目来说，相对简单的表现形式通常足以帮助绘制所需设计活动的顺序，但也可用计算机软件包来处理任务的某些高度复杂的缺陷。甘特图不显示依赖关系，所以很难发现哪项工作对项目的顺利完成影响最大。计划形成了在给定时间核查不同任务进展的基准。有很多不同的技术可以使用，但其中最常用的是利用彩色交通灯（绿、黄、红）或表情（高兴、悲伤）来表现进度。或者，也可用百分比来表示任务的完成量，如完成75%。

网络分析图

关键路线法是以箭线图代表工作包的图形表示法（图5.3）。箭线表示任务，圆圈表示事件（依次标上数字）。为了进行网络分析，计划者必须首先估计完成（设计）项目的总

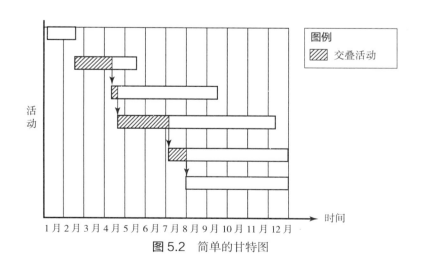

图5.2 简单的甘特图

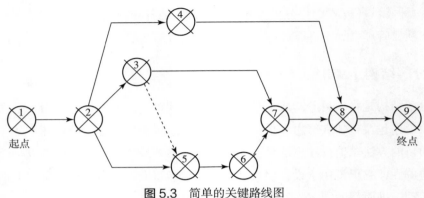

图5.3 简单的关键路线图

体时间。然后确定各项活动，再将时间分配给各项活动。下一步是确定工作顺序，它通常
95 是由预先勾勒的箭线图来确定的。这有助于确定哪些任务是关键的，即其他任务开始前必
须完成的任务。这可以手绘，也可借助电脑软件。因此，网络分析有助于识别依存关系，
并常常结合甘特图来使用。如果不在图中标注额外信息，在箭线图上很难清楚表现同步活
动。前导图和箭线图的基本原理相似，但以不同的方法表达依存关系和活动。它用活动方
块代替箭头，可在图中表现很多不同的关系。这使得该技术用于复杂和同步活动时比箭线
图更有用。重要的是，通过绘制活动图和识别关键活动，设计经理将获得更丰富的设计任
务图，进而有助于实现精确的计划。

平衡线（元素趋势分析）

平衡线技术可用图形表示以斜线代表的活动的工作进度，如图5.4。如果所有活动以
96 同样速度发展，图中的线将是平行的。然而，事实上某些任务会比另一些进行得快得多。

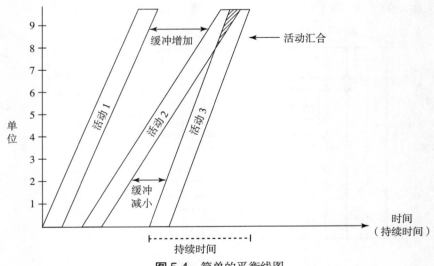

图5.4 简单的平衡线图

时间缓冲用活动之间的间距来表示。当线条分开时，缓冲增加；当线条汇合时，缓冲减小。汇合的线表示一项活动对另一项活动潜在的不利影响。平衡线最初用于高度重复的活动，但如果能清晰界定活动的话，该技术对绘制一次性项目也是有用的。时间里程图（或区位时间图）本质上就是平衡线和甘特图技术的结合。

设计固结

开发设计时，有许多因素是设计团队直接可控的，也有些因素，如获得城市规划许可，并不是直接可控的。因此，设计计划必须为非可控因素保留一定的灵活性。设计经理会发现：在规划和审查设计工作时，非常简单的技术是非常有用的。设计固结（又称"红绿灯系统"）正是这样一个非常简单而有效的技术。其想法是，在计划预设的时间间隔审查设计的完整性。因为设计总有一些部分是完整的，一些部分需要更多信息且存在某些不确定的领域。通过全面的设计审查可以识别这些部分，如下所示：97

- ◆ 绿灯。设计可以签署，设计团队可以进行下一次评审活动。
- ◆ 黄灯。存在一些不确定的领域，但不妨碍设计团队继续设计。在此期间，需要解决不确定的领域，以消除潜在的延期风险。
- ◆ 红灯。如果不解决不确定的领域，继续设计工作将是徒劳的。

设计计划可以进行审查和调整，以适应不同程度的完整性。

许可及合规性审批

"审批"代表项目的重要里程碑。获得批准通常会有一定程度的不确定性，因为决策是由他人做出的，不受设计事务所的控制。这意味着，所有计划都需要允许一定程度的不确定性，并应将进展情况告知客户。主要审批包括城市规划、建设工程和环境保护。

城市规划许可

未获得城市规划许可之前，不得进行下一步工作。在英国，城市规划许可的审批进程是民主的，往往存在一定的不确定性和风险，决策可能会被推迟（如允许规划委员会考察场地）或被拒绝（如该提案与当地规划相违背）。延迟获得许可（或被拒绝）将打乱精心制作的计划。因此，项目计划和设计室资源计划需要设置一定的灵活性。民主选举的规划委员会决定规划的许可，委员会的决定不受申请人及其代理人的控制。

开发提案很少有直截了当的，必须运用机智和外交的手腕来处理与城镇规划官员、规划委员会及当地用户集团的互动。尽管建筑媒体喜欢报道开发商和建筑师（试图获得许可）与规划部门（试图控制开发）之间的文化差异，现实是，这种文化差异从双方采取的态度中就能显而易见。针对不同的客户和背景，可以采取不同的策略：98

◆ 被动策略。开发好设计、准备好申请，在与城镇规划官员很少或没有接触的情况下提交申请。随后设计团队等待规划委员会的审议结果通知。其中不做任何管理申请过程的努力。

◆ 开放策略。方案的制定是与城镇规划官员及其他代表社区利益的利益相关者（如地方政府的公路工程师、环保官员等）共同讨论的结果。讨论往往是公开的，设计团队则应细致考虑地方政府及其他利益相关者的要求和愿望。此法会消耗员工大量时间，但往往有助于无条件获得规划许可证（通常是合理和符合预期的）。这使随后进行的详细设计和进度计划更顺畅。

◆ 防御策略。规划部门与设计团队间的互动以封闭和防御性沟通的方式进行，不带任何建立关系的意图。防御性态度往往能很快揭示各方的文化差异，并常常导致个人冲突。正是由于这种防御性态度，使得申请过程的结果变得难以预知，它将带来计划的不确定性。

◆ 进攻策略。如果所提议的开发计划与当地政府的发展规划冲突明显（几乎不可能获得许可证），设计团队通常会采取让很多规划官员感觉具有攻击性的方法。互动可能非常有限，但很可能是对抗性的。该方法将会提交两至三个不同的方案，试图给规划部门造成尽可能多的困难。其目的是为预期的拒绝提出申述。城镇规划者并不喜欢这种着眼于申述的双线甚至三线追踪的方法（略有不同的提案），并会将其视为一种侵略行为。但另一方面，客户可能会有完全不同的看法。

获取全面规划许可将"固定"设计的布局、建筑的外观及相关的场地工作。变更获批的设计（如布局、外观及外部饰面材料）应重新提交规划部门审批。事实证明，这将耗费时间，且变更后的方案未必会获批准。获得全面规划许可，往往是客户决定进行详细设计工作、提交建筑规程及合同文件的触发器。这是在进一步工作前将设计团队成员聚在一起重新评估计划、预算和设计的契机。

建设工程审批

有关拟建建筑物的详细资料，须提交当地政府建设管理部门审批。建筑的细部设计必须与核准文件（英国、威尔士、北爱尔兰）或指导性文件（苏格兰）相吻合，提交的设计方案需符合或超过文件所定的性能要求。核准文件旨在为某些常见建筑形式提供指导，同时鼓励以其他方式证明其符合"视同满足"标准。设计师和建造者可以选择：全部、部分或根本不接受所提议的方法（如果他们可以证明另一种合规的替代方法）。现实中，很多设计师和建造者发现，建议和示范的解决方法能令工作更快、更简单和更方便。开发备选方法耗时较多，且与相对保守和"安全"的方法相比，备选方法可能会耗费更长的报批时间。"性能法"提供了一条提高创造力和创新水平的途径，并为使用比预料更少的材料和资源来进行设计提供了机会。必须有足够的时间来适应所采用的方法，并在项目总体计划中设置一定的灵活度，使设计团队能够应要求回答问题并提供更多信息。

对小型和相对惯常的项目来说，在决策高度明确的情况下，审批程序应相对直接。对较大、较复杂的建筑来说，这个过程将涉及更大程度的协商，并可能是耗时的。明智的策略是，与地方当局人员密切合作，以确保在提交申请前讨论和处理不确定性的任何方面，从而有助于避免因信息不足造成的不必要的延误。必须在拆除和建设工作开展前获得相应的许可。

环境保护认证

设计经理将负责监督环境的合规性。在英国，这通常涉及建筑研究中心环境评估法（BREEAM）和《可持续住房规范》，标准评估程序（SAP）审批（用于住宅的能源评级）和特定项目的相关立法。总承包商的施工设计经理也将在此领域发挥重要作用。

设计工作协调

除了鼓励和激发创造性的设计建议，设计经理还将负责工作室内及设计团队成员之间的工作协调。虽然通过广泛采用信息和通信技术（ICT）、协同数字模型及BIM，会更容易处理该工作，仍需密切监控员工表现，并将任务分配给最合适的人（参见第二部分）。公司在此阶段亏钱的情况并不少见，需要一条继续前行的捷径（往往是昂贵的）。在此，设计经理具有重要作用，他既要激励员工，也要根据进度计划监控设计进程，根据需要随时干预。协调活动范围广泛，主要包括以下几种：

101

- ◆ 设计工作包（及信息流）
- ◆ 成本
- ◆ 价值参数
- ◆ （已签收的）信息的质量

在详细设计阶段，设计经理有很多责任。他（或她）不仅要保证目标日期符合相关信息的生产进度，还要不断监督与核查信息质量，以符合公司标准及客户标准，正如在项目质量计划中所说的。具体为：

- ◆ 要经常监督图纸的精确度。把图纸交给设计室以外的人进行检查是不明智的。良好的管控能减少潜在的索赔，并避免后期的额外工作。
- ◆ 所有的项目信息都应通过图纸登记来协调，无论是电子图像还是书面资料，这一点都很重要。
- ◆ 设计变更通常应交回客户以获得批准，这是任何质量保证体系的一个基本方面。

项目到事务所的接口

　　设计质量是建筑事务所情绪和财务健康的关键。对整个事务所来说，能够按时、按价提交设计方案是一个管理良好的设计室的特点。独立项目与事务所项目组合之间的关系，在概念设计发展期间尤为重要。必须尽可能精确地估算所需的设计工作总量，其资源分配与事务所的项目组合相关。同样，必须谨慎处理事务所和其他项目参与者的配合接口。处理不好这些因素，很可能导致糟糕的计划及设计工作的协调，并可能错过截止日期。项目管理模式中的界线相当模糊，尤其在早期阶段。例如，概念设计阶段的工作涉及某些与详细设计和实现设计相关的思考和工作。在设计阶段为解决特定的设计问题所投入的额外时间，可能在详细设计阶段得到补偿，因为与详细设计相关的决策早已制定。这种流动性使资源计划面临挑战，除非设计经理允许在个别工作计划中设置一定的灵活性。设计经理的作用是鼓励创意，同时保证满足最终期限并使设计质量被事务所接受。

在实现设计阶段，被编入图纸、规格说明、进度计划及工程量清单的客户价值，由承包商诠释并转换成具体的建筑。这通常被称为装配、施工、生产、实施或实现阶段，并被大量的工程管理文献所涉及。在此期间，重心由设计团队转至施工团队，项目文化也随之发生重大改变。在项目的这个阶段，建筑师的设计经理将与承包商的设计经理互动，以解决设计信息的所有问题，并管理设计变更。项目经理的重点是，在满足预算、进度、安全、约定的质量参数的前提下，实现项目。建筑师设计经理的重点是，确保设计中产生的价值以实体形式实现，这需要在项目的全生命周期内权衡承诺（不改变设计）与妥协（改变设计，以求更好）。采购路线决定了建筑师事务所在此阶段能（或不能）影响设计质量的程度。建筑师设计经理必须管理设计工作室与承包商之间的接口，通常需要借助承包商的设计经理。不可避免的是，在项目的生命周期内，将有信息需求及设计变更的需求。设计工作室必须具备一定能力，以及时回应需求，并有相应协议来管理这些需求。如果不这样做，将导致设计工作室效率低下并面临索赔风险。

参与

建筑师经常谈论"建造建筑物"，但很少参与实际的建造工作。设计，编纂于图纸、进度计划、模型及相关的书面合同信息中。工厂工人和现场技工随后将这些信息转换成体力劳动和建筑实物。除了非常小的建筑工程，该工作通常是由总承包商分包给专业分包商和供应商的，即，通常是由承包商来管理实施阶段的。对某些设计工作室来说，脱离施工活动也许是个明智的商业策略（有时被认为有助于降低风险），但施工活动中出现的错位令人略有不安。优质建筑要求无论采用何种施工方法，都应全面了解所用技术。工程经验及反馈给早期的概念和详细设计阶段的经验，是持续改进和确保安全、高效的可施工性的核心动力。理解复杂的施工过程，尤其是设计、技术和管理的接口，将帮助设计师和工程师更好地实现他们的详细设计。它还能帮助建筑师以积极的态度参与实施阶段的管理，并以较好的知识储备为客户提供建议。

在提升专业地位前，建筑师是工作的主导，直接接触工人及其所做的工作，此时，他与总承包商或项目经理间不存在任何形式的中间人。由于设计师和工匠对材料的认识有共鸣，所以几乎不需要图纸。越来越复杂的技术、日益增多的建筑产品选项，以及不断增长

的大量媒介，使建筑师逐渐脱离建筑的施工过程。近来，随着人们对预制构件、场外产品
及配套的数字技术（如 BIM）重新产生兴趣，建筑师开始越来越多地参与建筑的实施工作，
同时与制造商及专项分承包商的合作也更密切，并且（某些情况下）在影响客户价值的实
现上具有更高的地位。协同与整合有助于减小设计文化和施工文化间的差距，并且，设计
与采购管理使建筑师重新回来与工人和建筑物直接接触，这有助于改善工作关系和建筑物
的质量。

新型管理法

有关设计主导型合同形式的争论历来就有，20 世纪 80 年代，建筑业就曾有《新型管
理法》（AMM）的提案。它认为，分项承包日益重要，并将总承包商排除在进程之外。理
论上，这样的系统非常适合建筑公司，因为向分包商直接传达其意图的能力以及直接在现
场向他们学习的能力可不断改进成品的质量。问题来自施工所处的环境—— 一个充满对
抗和激烈竞争的环境，在其中，总承包商不会真正放弃控制。AMM 之所以未被广泛采用，
部分是由于建筑师的地位较弱，但主要是缘于该系统依赖于合作，而承包商并不愿意接
受它。这段时期以来，少数建筑师和工程师抓住了场外制作和信息技术带来的机会，为
客户提供完整的设计和生产服务。复杂的电脑软件及计算机辅助生成技术使"回到现场"
成为可能。建筑师的角色类似于一个装配过程的管理者，协调、固定和安装各个独立的
工程包。

"设计－管理"模式

术语"设计－管理"有时用于描述一家也可管理设计实施的建筑事务所。利用独立的
工程包，可使建筑师直接与专业分包商沟通，而无需经过总承包商。通过聘任一位具有合
同与管理技能的人（合约经理），建筑公司可利用所需成本较少的优势，管理、监督并协
调分包商。建筑公司可以控制整个施工过程，以保证产品质量链的连续性，同时收取相应
的管理费。客户具有单方责任，独立选择和控制分包商，（理论上）为加快完工时间、改
进质量、降低成本及增进项目团队的内部沟通提供了机会。因为分包商与客户和建筑师经
常接触，所以沟通路径更直接；因而大大改善了反馈和学习，可快速解决不确定性（减少
索赔和订单变更）。分包商直接由客户支付费用，比他们为总承包商工作时更快收到工作
报酬。这种采购方法与设计和建造有许多相似之处，区别在于，该团队的领导是一个有设
计意识而不是成本意识的专业人士。

从客户的角度来看，单方责任的概念很有吸引力，因为无论质询或问题何时出现，客
户仅需与一家公司打交道。从建筑公司的角度来看，这种方法体现了大大增加的责任及与
之相伴的风险，尽管它通常依赖于客户的充分参与及其分担风险和回报的意愿。即使是与
施工密切相关的建筑师，参与施工管理的想法似乎也不合适，因为它增加了费用（管理人

员），可能在财务上难以向整个项目组合证明。这也许需要引进相应的经验、技能和资质，并将其引入设计室，但也不排除风险因素。这种方法可能最适合小型或重复性建筑类型，它使设计工作室有机会积累知识与经验，以便承担更大、更复杂的项目。或者，某些事务所可以设立一个独立的法人企业来处理业务的施工管理部分。

客户也许认为，建筑师可以有效管理施工活动，但可能不愿从事"设计－管理"模式。由于进入了承包商的领域，建筑师可能会遇到阻力，有些承包商会将建筑师从他们已被认可的供应商名单中除去。另一个缺点是，在短期内，需要时间和项目的积累来增长经验和知识，以提升服务的竞争力。一般来说，可能需要完成两到三个小项目，建筑公司才有可能盈利。

107

与承包商的设计经理合作

建筑师的设计经理需要与总承包商的设计经理紧密合作。这种关系将取决于所使用的采购路线类型和参与工作的设计经理的个性。虽然使用的术语各种各样，承包商的设计经理有两个相关的工作职能，分别是："施工前"或"施工中"的设计经理。最初，施工设计经理位于施工现场，主要处理设计信息协调（包括碰撞检测）、设计信息请求（RFIs）和设计变更管理。这与长期建立的常驻工程师和常驻建筑师类似。最近，施工设计经理开始参与施工前的设计活动，包括首次接触客户、客户介绍、解决城市规划申报、协调和管理设计发展、解决可持续发展问题和环境合规性评估（使用评估工具，如 BREEAM 和 LEED）、审查设计，及确保设计排除或减轻健康和安全风险（如符合 CDM 规则）。这些"施工前"设计任务传统上与建筑师和工程师相关，但现在，在许多合同协议中，它们归属于承包商的职权范围。BIM 也使施工设计经理更早地介入设计过程。在施工真正开始前，需要在一个单一的虚拟模型中协同解决很多协调、碰撞检测及合规性问题。

建筑师的设计经理需要确定承包商机构内他（或她）期望与之沟通的对象，建立恰当的沟通渠道，和各类任务明确的责任路线。设计工作和管理项目不同方面的职责将取决于采购路线和聘用条款。

合同前事项

108

招标和谈判的成功，取决于将潜在的机构和个人在最初缩减至那些值得尊敬和信赖的对象。这可能是一项耗时的任务，需要分析大量与机构相关的信息。越来越普遍的做法是，项目团队邀请总承包商及专项承建商共同讨论项目，并尝试建立基于共享项目价值观的工作关系。在此阶段，应拒绝与项目团队持有不同价值观的机构。基本有两种实现设计的方法：工程竞标或通过谈判对合同总额达成共识。究竟选择哪种方法将涉及项目的类型和规模，以及与公共项目竞争性招标有关的各种条件。

◆ 竞争性招标。列入被选清单的承包商被邀请为工程报价并提交投标价格。在英国，通常会选择报价最低的投标者，虽然有证据表明，这并不总是最明智的做法。其策略往往是，不惜任何代价得到该项目，然后提出大量额外索赔。在某些国家的做法是，找到平均投标价，再选择报价最接近该平均价的投标者。此处的论据是，该投标价很可能代表了最终成本并能减少额外索赔的可能。

◆ 谈判。使用谈判方式变得越来越普遍，因为它被认为是一个不太浪费的过程，并作为能给各方带来更大价值的方法被推广。项目经理将邀请承包商来讨论该项目并准备报价清单。尽管永远无法证明其报价是最便宜的，但密切的合作仍可带来某些好处。

合同启动会议

开始以实物形式实现建筑前，关键是要使设计获得客户的批准，并尽可能"完美"地适应项目的约束条件，即设计应符合目标，并满足简报阶段设定的客户的价值参数。最后的审批关口提供了一个在实际施工开始前讨论和确认设计、预算及计划的机会。该事件之后的任何变更都可能付出高昂代价。招标或谈判合同总额的过程很可能会在合同文件中发现一些错误，这些错误应被纠正并在工作开始前重新告知承包商。进度计划的制定有助于绘制各种生产活动流程，也有助于识别丢失的信息。

合同启动会议是个重要事件。在会上，关键参与者可在项目动工前对项目进行讨论。尽管大部分的重点是合同与法律方面的事项，以及任何重要问题的解决方案，但合同启动会议有助于建立设计团队和施工团队间的互动文化。正是在该会议上，设计团队应清楚阐述项目背后的理念和价值观。这有助于强调设计的重要方面，并能帮助制定参与变更的规则。

计划

随着场外制造技术的发展，该阶段的计划将涉及接收预制构件（如基础与设施的连接构件）的场地准备，及构件的安全送达和装配。场地工程通常应在预制构件按期送达前完工、检查和验收，这些预制构件有助于计划的简化。相比之下，现场施工有更多需要协调的工作。流水作业计划使不同的工种与活动可以在现场同时进行而互不干扰。专业分包商将提供一个有关其工作包的详细计划，及一份解释如何安全有效完成工作的方法说明。工程项目经理的工作是，协调不同的工作包，以使工作平稳、安全地进行。为了达到此目的，有必要使用计划编制技术。这些技术将根据项目的类型及复杂程度而变化，但一般包含下列一项或几项：

◆ 甘特图（横道图）

◆ 网络计划（关键路径法）

◆ 前导图

◆ 平衡线（元素趋势分析）

◆ 区位时间图（时间里程图）

缓冲管理

缓冲管理是个非常简单的概念，旨在管理清晰界定的工作包之间的接口。这是通过在总体计划中相互独立的活动间留出空隙（时间）来实现的。缓冲允许工作人员所用的工作时长有一定的弹性，也允许在下一个工种进入特定空间前，有时间检查和验收现有工作。这有助于防止同一时间在同一地点工作的不同工种及不同分包商之间的冲突。缓冲技术可以简化工作流程，减轻局部延误对他人工作的影响。对高度复杂的工程及空间受限的建筑来说，缓冲工作包也许是较为安全的操作方法，它可将特定空间内的活动及人员减至最少。一些管理者认为，缓冲管理技术给项目计划增加了不必要的时间，从而增加了浪费。另一些人则认为，缓冲管理是确保安全、连续的工作流水的必要工具，对管理良好的项目来说必不可少。缓冲管理技术在自我管理的工作人员中的应用表明，它对大型项目（如医院）非常有效，在这些项目中，使用生产线方法效果明显。

加速施工

加快工作速度使项目或项目的某个阶段能够比最初的计划更早地完成，这不同于快速启动项目。加速的决定是在工作进展中制定的，涉及一定的不确定性、进度和计划的修订及资源的重新分配。加速也能以安全、有效的方式影响工作计划。当工作速度加快时，直接成本（人工、设备和材料费用）将增加，间接成本（监督管理、临时食宿及相关费用）将因提前完工而降低。加快工作也许要求在周末加班（这通常需要得到员工允许），通常涉及加班补贴和机动工资以确保工作如期完成。周末的工作及增加的员工，可能需要额外的监管。情景规划也许有助于确定如何更好地加快工作以及对工作流程和造价的影响。

施工过程中的互动

项目初期进行的互动通常会在相对自由和开放的氛围里展开，因为系统内的信息水平相对较低且松散。随着时间的推移，信息量不断增多，出现了非正规和正规的沟通结构，从而形成了约会的潜在规则。目标设定，发展和交换信息的压力增加。在施工阶段，参与进程的人数及信息量均处于顶峰，此时，产生误解和冲突的可能性最大。有限的时间和不断增加的工作负荷所造成的压力，会影响团队成员相互协作的能力，从而导致沟通模式的改变，妨碍或促进团队成员的表现。虽然，通常认为构成合同文件的图纸、规格和计划是完整无误的，但事实并非如此。即使在工厂和现场开始生产前，信息包是"完整"的，仍可能有很多关于分类及额外信息的请求。因此，施工阶段的很多互动与最终的详细设计方案、构造细部的变更，及专项工作的协调与集成相关，它能保证建筑在约定的时间、价格和质量参数内安全竣工。设计师的主要目标是保证信息流通、不干扰施工过程，但这在实践中往往不能实现。也许，期望参与者知晓所有事情或为每个意外做好准备是不现实的。

112　因此，所有参与者需要具备适当的技能，提供和选取相关信息，以激励和影响成功交付项目所必需的行为。在快速启动项目中，是分阶段向承包商提供信息的，应谨慎协调，以确保在项目的特定里程碑处及时交互信息。

澄清信息和讨论进展与问题，通常在正式的进度会议和讨论专案问题的特设会议上进行。在讨论复杂问题时，每个成员都需要以一种能让他人（对问题不太熟悉的人）了解背景并能辨别重要事项的方式介绍情况。专业人士可能会采用不同的沟通机制、表达方式和情绪来确保他人更加关注其信息。保证其他专业人士关注彼此互动的行为，在需要交换大量信息的环境中，可能很有用。开放和建设性的沟通有利于在施工团队成员间建立信任并促进互动。在问题解决过程中通常会出现防御性行为，这会给团队成员的合作能力造成负面影响。在出现不确定性和危机时，成员间的关系趋于破裂且沟通变得困难，此时，最需要的就是团队成员间的沟通。

公开交换信息和分享任务责任是有效的团队工作的前提。建立和维持实现任务所必需的脆弱的专业关系是项目成功的基础。重要的是，研究确定如何使互动有利于加强和维持关系，从而使参与者有效地协同工作。公开交流可能包括支持性和评判性的评论。开放的沟通非常有效，但是，如果不能以与氛围相适应的方式加以管理，也可能会破坏关系。所

113　有成员都需具备适当的沟通技巧，以确保可以公开讨论可能引发冲突的问题，同时保证维持和不破坏关系。谈判技巧、影响力和说服力在商务环境中具有重要作用。所以，有必要发展沟通技巧，了解谈判方法的有效性，以使它们适应业务或项目的背景。

施工进度会议

施工进度会议是施工合同顺利进行的基础。它们通常在施工现场（或与之相邻的）临时住所内举行，并有项目的主要参与者参加。现场会议作为论坛，讨论工作的技术协调，帮助开发和维护对项目最具影响力和控制力的成员间的关系。多年来，会议的目的似乎从未改变，即：消除误会和减少摩擦，允许讨论和制定决策，以促进工作向前推进。明智的决策是建设项目的重要组成部分，是开展工作的基础。

就参加进度会议的专业人士的类型或数量提供切实指导的工程类书籍很少。普通的管理类教材建议，鉴于经济原因和最佳效果，参会人数应保持在最低限度，其成员组合应正好包括具备解决问题所需的各种相关技能的人员。即所谓的"最小组合原则"。

工程专家在不同的时间进入或离开施工进程，并凭借其特有的专业知识在不同程度上作出贡献，所以，有可能不同的专家会相继参加施工会议。当参会人员不固定时，可能会

遇到团队发展问题。参加过一系列主题会议，每次会议都有不同的人出席，小组成员依然好像初次见面一样。这种现象是由于群体需要经历社会情感的发展。当新成员加入某群体时，他们会谨慎地互动、试探和检查自己的行为及他人的反应，理解他人的角色和行为，然后建立自己在群体中的位置并适应群体的规则。虽然个人有可能影响群体，但其影响力取决于其所加入的群体的性质及群体所设定的背景。考虑到施工队具有临时的多组织性质，且不同的项目间往往存在时间间隔，所以很难预测，在一个项目上的一个团队继续合作于另一项目时没有任何人员变动。同样，专家可根据要求选择出席或不出席会议。这些不稳定因素也许会影响团队发展。

误解与冲突

当信息水平及执行压力达到顶点时，施工阶段的沟通问题往往最为普遍。信息量的增加与冲突程度的提高息息相关。这意味着，在施工阶段，当大部分与工程相关的专业人士进入项目且累积的信息量达到顶峰时，很容易引发冲突。出现问题时，设计工作室必须做好准备，按照合同条件迅速、准确地处理问题。设计与施工团队间的分歧往往涉及变更请求、工程质量、时间和成本超支。其中很多问题可以通过定期的现场进度会议、临时的现场会议或电话沟通来解决。

建筑师与施工经理间的个性差异可能会导致（或防止）冲突。成员间不同的背景、教育和培训水平，可能导致对于"项目各阶段哪些事情最重要？"的问题持有不同看法，这可能会引发纠纷。专业人士往往关注自己领域的专业知识，很少关注工作的其他方面，当试图集成分项工作包时，可能会出现困难。每位专业人士必须了解他（或她）的工作是如何影响其他工作，或受其他工作影响的。当参与者意识到，各组成部分、创意和简报无法整合时，冲突无可避免。

处理冲突的想法是有效整合的必要部分。当面对需要多学科加入的情况时，会出现两个问题：专业人士将关注于涉及本专业的细节，当其提出方案时，会试图减轻各自机构的资源成本。专业人士倾向于利用互动来影响讨论，以便最后的决定有利于个人及其机构。在施工期间，可能出现或大或小的问题，它们将影响个人及其机构利用最初分配给项目的资源来执行任务的能力。会议、谈判和讨论将用于解决问题。

问题的解决往往涉及资源的重新分配（这意味着，有人受益，有人吃亏）。同样，解决问题需要更改某些事情，而变更的行为并不总是吸引所有成员。总之，这些因素会导致部分成员间的抵触态度，当各机构努力捍卫自己的资源配给时，可能出现冲突。共有两类冲突：

- 自然冲突。是"相遇"的必然或现实的后果，导致强势一方在冲突中受益。这种冲突不可避免，因此可提前制定一些处理此类冲突的预案。

◆ 非自然冲突。在此类冲突中相遇的各方，意在诋毁和伤害他人，通常带有经济或个人的目的。当一些不道德的承包商希望在项目中为自己获得更多利益时，这是一种常见的策略。

需对冲突加以管理，不要使其压制信息，或变成人身攻击，进而令关系受损和功能失调。大多数冲突会通过探索变更方案和不同视角的方式来管理，它鼓励所有参与者进行讨论，并希望能达成协议。冲突既可能给团队绩效带来好处，也可能带来坏处：

◆ 好处。加深对问题和意见的理解，增加凝聚力和动力。当小组成员表示反对并探究其反对原因时，就会暴露出关键问题及误会要点。经历过紧张和冲突的团队往往感觉在危机过后更加团结和强大。

◆ 坏处。群体凝聚力下降、人际关系弱化、情绪不良及破坏群体。如果冲突持续太久还悬而未决，将降低团队的凝聚力，人与人之间的冲突将变成令人讨厌的人身攻击，与任务或问题本身关系不大。大多数人不喜欢被批评，必须承认，所有的冲突都会造成负面的社会情绪影响。

信息请求和设计变更

全面、无差错的信息相当于较少的信息请求，从而使设计室花更多的时间在创造性问题上。同样，高质量的信息也会导致较少的设计变更请求。

信息请求（RFI）

如果发现信息不完整、错误、混乱，甚至丢失，将触发承包商的信息请求。利用BIM，可以随着设计的进行，检测并解决碰撞问题，从而显著减少信息请求。然而，可能还有未被充分细化的设计领域，因此，将需要更多的信息，使承包商可以建造该建筑。

设计变更

施工期间的变更意味着资源的浪费，多数情况下，会对成本和时间造成显著影响。尽管应尽一切努力限制施工阶段的不确定性，某些变更仍有可能被认为是必要的。合同文件的变更将导致合同金额的调整。大多数变更会导致修订工作或额外的工作，将中断计划好的工作流程，不可避免地导致成本增加，且必须有人来为此买单。因此，有必要跟踪所有的设计变更请求，采取措施，尽量减少实施阶段发生变更的次数。变更可能需要多种理由，常见的有：

◆ 不可预见的情况。例如，打开现有结构时，发生的地基问题或意外。这可以通过开工前的广泛调查来避免，但某些意外事件的风险不能被完全排除。这通常含在应急款项内。

◆ 客户请求。这通常与客户改变他们的要求（想法）有关，可以通过邀请客户全面
  参与设计阶段初期来避免。 117

◆ 设计师请求。这往往是因为意识到，某些事情可以做得更好，或某些设计工作构
  思拙劣。

◆ 承包商请求。该请求可能涉及可施工性问题及符合计划要求的材料供货问题。一
  类变更请求是真正的、不得不修订的问题（如设备冲突），另一类是为满足承包商
  要求而做的请求（如为给承包商省钱而做的材料变更）。重要的是，区分这两类变
  更之间的区别。

◆ 与所供信息相关的问题。这将导致额外信息和规格说明的请求。

场外制造一旦展开，就不可能再变更场外产品了，因此，设计团队和客户必须在场外
生产开始前完全确认设计的正确无误。随着建筑物从平地升起，场地施工始终存在着变更
的可能（假定有人愿意为此买单的话）。在招标及合同实施阶段，变更规格产品或规格性
能水平将要承受相当大的压力。大多数变更应正式申请并在实施前获得批准，随后被记录
在竣工文件中。然而，有证据表明，不法承包商和分包商可能会更改指定的材料和构件，
以使用更便宜的替代品，且不通知任何人。一个警觉的工程监理能够阻止这些不受欢迎的
行为；也可雇佣有信誉的承包商及分包商。

追踪设计变更

所有变更，不论其来源，都应在执行前转给设计经理，由其根据关键文件（如规划审
批和项目简报）进行审核。变更建筑产品及细部构造的请求会对建筑的耐久性产生影响，
因此在决策前必须仔细推敲。在很多情况下，这并不是一个很快的过程，因为这些变更会 118
影响到建筑的其他相关部分。这就意味着，施工合同管理者必须在充足的时间内提出变更
申请，并等待决议通知。合同对变更申请和答复规定了明确的规则和时限。所有批准的变
更必须记录在案，并应修订所有图纸、规格和进度计划。这将确保竣工图能够精确记录竣
工建筑。不懂合同管理知识而做出的变更当然不会被记录在竣工资料中。

关闭项目

完成项目并移交给客户的过程被称为"关闭项目"。在此阶段，项目达到既定目标，即：
工程已实际完成。大型、复杂型项目通常是分期工作，并在既定日期开放工程已完成部分；
因此，项目是分阶段移交的，通常被称为"分段竣工"。将项目正式移交给客户是个重要事件，
应加以管理，使客户感觉良好。客户很难忘记混乱的移交过程。关闭项目对所有利益相关
者来说都是一件值得庆贺的事情，通常，建筑师（或项目经理）会安排一个活动来庆贺项
目的顺利竣工。从建筑师的角度来看，这是一个很好的社交机会。

实际完成（简称合同竣工日期）是指承包商受合同约束完成工作的日期。关于什么是"实际完成"的工作存在一些争议，但它通常以客户接管建筑物（或建筑物的一部分）的日期为准。客户在实际竣工日接管并负责该建筑，保修期也由此开始，通常为 6 至 12 个月。在实际竣工前找出所有未完成的工作及轻微缺陷是很好的做法；然而，常见的做法是，在竣工时处理缺陷列表（"抽样检查表"）。承包商在之后有 14 天的时间去善后。

119　　在保修期结束时，对工程进行联合检查，以核查是否一切运转正常。任何缺陷都应由承包商及时处理。当所有必须修补的缺陷被修补好后，该工程即被视为"彻底完成"，并可给其颁发最后的证书。

项目后期的问题同样需要及时有效地解决，有时应将该因素计入设计室的管理费，用以处理项目签署后的突发问题。建筑师和其他人对项目后期问题和咨询的回应方式将影响客户对项目利益相关者的认知，并可能影响未来为该客户工作的可能性。

问题有时会失控，造成耗时又花钱的行为，通常需要某种形式的独立干预来解决问题。优秀的设计经理的目标之一，就是避免（或至少减轻）严重问题，以避免法律诉讼。除了律师，任何一方都难以从冲突或法律诉讼中受益，并且，任何项目利益相关者都不愿被牵扯进长期的法律诉讼，它将影响收益并可能损害来之不易的声誉。

项目到事务所的接口

在许多项目中，不论采用何种合同，建筑师几乎很难真正控制建筑设计的质量。然而，除了其所提供的服务的质量，他们还常常根据竣工建筑的质量来判断。因此，竣工建筑的质量对建筑师的营销及声誉都有一定程度的影响。参与施工将取决于事务所业主的愿望及其对待风险的态度。事务所的结构及市场定位也是决定因素。从商业的角度看，互动总量必须根据业务计划、事务所的经验和技能以及公司面临的风险来评估。机构学习是另一个考虑因素。仅仅提供设计服务时，很难从施工阶段获得的经验中获益。通过直接参与施工活动的管理，可以获得真正整合设计与施工的机会，以便从项目和生意中获益。

第 7 章 评价与学习

评价项目和产品的性能，可以揭示可能融入当前和未来工作的丰富知识。情报收集提供了增进设计室设计知识、改进其工作方法的一种手段。设计经理的任务之一是，确保所有项目计划有充足的时间，提供学习和思考的机会。如何做到最佳？需要考虑设计室的规模和架构，在小型事务所，相对随意；在大型事务所，则有一系列更加系统和定期的活动。无论何种方法，反馈必须以系统的方式进行，并形成项目和机构学习的组成部分。这一重要活动所耗时间应计入设计室管理费，并纳入项目进度计划。设计经理必须建立获取与实施知识的体系，以便设计室能从个别项目和产品评估中共同学习。系统地学习来自过程和产品的知识，应成为办公管理系统的一部分。策略地结合来自过程中特定阶段的反馈意见，是反馈和反思管理方法的重要组成部分。同样，来自使用阶段的建筑物的反馈，将有助于识别纳入当前和未来设计项目的知识。应将经验纳入项目的关键阶段，尤其是简报阶段，可以帮助新项目从良好的做法中获益，避免不良的做法从一个项目重复到另一个项目。在办公室和项目团队内，应分别使用恰当的数据收集工具进行数据分析和知识共享。失去互相学习的机会往往导致失去宝贵的知识，不是出于不愿意分析业绩而是因为其他任务更加紧迫而与机会擦肩而过。

终身学习

最成功的机构不仅拥有强大的理念、理想的产品和高品质的服务承诺；他们还拥有可以让员工有时间思考和反思自身工作的管理框架，同时能提供与机构其他成员讨论关键问题、做出明确决定并向前推进的机会。若要接纳新的创意，公司结构应有足够的灵活性，以最小的干扰做轻微的调整。学习有助于识别专业服务的业务效率和新的市场。从客户和项目的集体经验中不断学习的能力将影响公司的成功。这些知识必须留在公司并传播给其成员，该过程得到了基于计算机的专业知识系统的大力帮助。知识的获取、保留和传播是一个需要战略管理的复杂过程。就专业服务公司的发展，及其迅速、有效地应对外部力量的能力而言，从项目中获取的知识有助于提升竞争优势。这意味着，必须有一个如下所述的测量性能的系统。

个人应通过持续不断的专业发展活动致力于持久的学习和技能的更新，这应与提升办公室和项目环境内的个人表现相挂钩。对所有利益相关者来说，评价与学习是一个有着长远目标的持续计划：考察事物情况，观察人们举止，仔细倾听别人意见，精心设计问题，并向高层管理者和用户群体展示调查结果，以此促进积极的改变。

122　　　终身学习和持续的专业发展的理念是个人及其机构不断发展的基础。专业机构和行业机构均要求其成员致力于持续进步，并提供相关证据。有广泛的构成终身学习的活动，包括：阅读书籍和文章，参加会议和培训课程，以及在大专院校的系统学习。个人和机构面临的挑战是，将学习机会纳入正常的工作时间，即，使学习成为平衡的工作计划的一部分。这可以通过以下方式来实现：

- ♦ 项目与产品的体验学习
- ♦ 反思工作
- ♦ 学习他人处理其工作的方式
- ♦ 通过循证学习，从书本和文章中学习
- ♦ 通过行为学习，在行动中学习
- ♦ 通过讲故事来学习

众所周知，个体有不同的学习风格，因此，在学习活动开始前，有必要了解最佳的学习方法。这将有助于最大限度地减少有限的时间，确保成功的结果。评价和学习发生在个人、机构和项目三个层次：

- ♦ 个人需求。自我评价和学习也许是最简单的方法，仅仅因为它在我们自己的控制之下。从事反思性实践，进行正式的（再）培训课程，可以提高我们的知识和技能。反思性实践需要的时间相对较少，培训课程可能会持续几个小时、半天、一天甚至几天，取决于课程的内容。自我发展也可通过研究得到提升，例如进行授课式硕士学位或研究生课程的学习（研究型硕士、博士）。这涉及更大程度的决心和资源。
- ♦ 机构需求。管理良好的机构有全面的员工发展计划及实施所需的资源。机构发展
123　　依赖于个人的自我发展及由特定成员参加的、正式组织的员工小组发展活动。无论这些集会是随意的，还是强制的，都将取决于机构文化及主题的重要性。投资员工发展计划，可以帮助机构保持竞争力，应对不断变化的市场条件。随着个人知识和技能的提升，机构将集体获益。
- ♦ 项目需求。项目评价跨越机构边界。除非该活动纳入项目计划并由项目经理主持，否则，在 TPO 内从项目中学习是不可能的。相反，个人和机构将实施自己的评价方法，通常会保留收集知识的活动，以供自己的员工使用。努力带动整个 TPO 学习的方法之一是使用会议。谨慎使用的知识交流会议可以为参与者形成一个与他人分享知识的平台，旨在带来改善项目绩效的观点。

绩效评估

绩效评估日益广泛地用于从事设计和建设项目的机构，其目的是通过更好的管理实践

提高它们的绩效。机构全体成员做出的持续改进的承诺是个极好的起点，但如果要提高绩效，必须有恰当的程序报告工作进度，以有意义的方式衡量它，然后公布结果。也可引入奖励制度，以鼓励机构所有成员参与。为了成功评估，机构和项目必须针对可以衡量的性能有一套明确的目标。这些需在战略计划或项目简报中说明，否则，试图衡量成功将成为毫无意义的行为。重要的是要记住，这项工作不仅与标准相关，也关系到对待"持续改进"的正确态度。

为了提高绩效，必须使用某种形式的衡量工具。俗话说："不能衡量，就无法改善。"可以使用一些用于特定项目或机构的参数。另外，基于更广泛的数据库，国家认可的关键绩效指标也有助于评估绩效。建筑工业委员会于 1998 年发布了"关键性能指标框架"。它利用《工程最佳实践计划》、《建设客户论坛》及《创新运动》，收集、整理和发布了数据。设计这些指标的目的在于，使参与施工过程的各方对照行业的整体表现核查自己的表现。其中，共有 10 个关键绩效指标，7 个与项目绩效相关，3 个与机构绩效相关：

项目绩效：

- 客户对产品（建筑物）的满意度
- 客户对施工过程的满意度
- 缺陷
- 预计费用
- 预计时间
- 实际费用
- 实际时间

公司绩效：

- 盈利——这是所有机构的重要指标
- 生产力
- 安全性

绩效评估不仅关注度量，也关注"持续改进"的正确态度。评估活动需要根据机构的规模和范围进行调整。没有充分的数据收集和分析，可能导致一个误导的画面，反之，过分的评估会导致浪费，最终弄巧成拙。

从项目中学习

学习贯穿于项目的全生命周期。设计经理面临的挑战是，将具体事件纳入项目计划中，其中，可以交换和获取用于当前和未来项目的知识。项目控制关口旨在讨论进展，处理与特定活动相关的反馈。同样，正式组织的工程进度会议提供了另一个讨论进展的论坛。项目团队的聚集活动有助于识别需要改进的地方，但重点是项目的进展，并且，从经验中学习，在噪声中迷失，这并不罕见。为此，建议将具体的学习活动按战略的间隔时间纳入项目计划，重点是反思和学习，而不是项目的进展（图7.1）。学习反馈循环是交付有效项目和机构学习的关键。同样，利用项目后评价可以帮助识别好的和坏的经验。

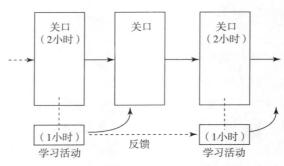

图7.1 将学习活动纳入项目计划

工程专业人士经常因未能进行系统的项目评价而受到批评，感觉是在项目之间错失了有价值的知识。这似乎与专业人士持续受到的时间压力有关，而不是没有评价的能力。有些机构的确未能在他们的工作实践和项目规划中建立系统的项目评价，但这种情况已越来越少。不评价项目可能导致丧失重要的知识，以至于未能识别并分享良好的做法。这可能带来重复性错误并错失改善性能的良机。

项目评价需要有人来主持，最好是某个未参与该项目而位于项目文化之外的人。这可使成员稍微开放一点并能坦诚他们的意见。主持人也更愿意问一些中肯的、也许是项目参与者意想不到的问题。在实操层面，两个项目的建筑师互相主持彼此的项目，可以实现这一目标。同样，由设计经理来主持这样的会议可能非常有用。项目评价的结果应记录在一份简要的报告中，并分发给相关各方。所有评价活动需要清楚地阐明评价目标，说明最有可能从该活动中获得的好处。关键目标侧重于团队表现、成本控制或设计变更控制。有些设计经理将参与在项目关键节点针对典型问题所做的评价。如果成员不愿进行知识交流，或过于坦率，那么，需要为未来项目谨慎地考虑一种替代战术。

项目中评价

项目中评价通常被纳入质量管理体系，并与控制关口上例行的项目评估活动相联系。与项目后评价相比，在项目的关键阶段进行项目评价的好处是，较少地依赖成员的记忆力。从评价中收获的知识也能纳入其他正在运行的项目，从而使该过程更适用于那些参与者。应采取谨慎的态度，清楚识别学习机会，使该过程脱离日常的进度会议。如果项目文化能使成员舒适地讨论"需要改进的地方"，那么，项目中评价的优势就在于主要成员和当前知识的无障碍交流。如果项目团队在每个时间都有所不同，那就不可能使关系发展到令成员们都愿意公开讨论问题的程度，尽管这必须随着项目的推进而改善。项目团队的学习基本上是小组层面上不同的学习经验的集成，这与较为稳定的办公环境内的学习不同。项目中评价应该：

◆ 在评审时，出席的有参与项目的所有关键成员。出席初期和后期评价的某些成员可能会发生变化。

◆ 包括客户。

◆ 明确将要讨论的议题。

◆ 向出席者传达结果。

项目后评价

项目后评价（有时被称为"项目后评估"）是所有高质量管理体系的重要组成部分。在项目结束时的评价旨在按照简报阶段设定的目标衡量项目的成功与否。这项工作也许会生成可以融入未来项目的有价知识，这些项目将借鉴和采纳以往项目生成的信息、知识和经验（好的和坏的）。这有助于保持机构的工作效率，令新项目获益。主要是项目团队成员持有这些知识；事实上，团队组建通常是基于成员以往的项目经验（建筑的类型、复杂程度、成本、性能等），而不是他们的专业或学历。项目后评价通常在项目结束时或大型项目主要阶段完成后进行。这些会议通常由项目经理或设计经理来实施。评审将由项目的主要参与者参与，通常以一个或一系列会议来进行。与会者被鼓励分享自己的经验：哪些做得好、哪些可以做得更好，以便未来项目可受益于该学习过程。有些机构也会进行自己"内部的"项目后评价，以帮助机构学习。

当项目后评价被纳入具体项目的管理计划时，它们可能是获取知识的无效工具，因为：

◆ 有些成员可能会转移到其他项目，且无法利用项目后的数据收集。很多成员仅参与很短的时间，承担具体的工作，之后即转移至另一项目中。这使事后咨询变得困难，同时也凸显了项目生命期间系统的项目评价的必要性。

◆ 新项目施加的压力可能远远大于已完成项目，因此，评价活动可能比较匆忙，没有结果，或根本不会发生，这也再一次凸显了过程评价的必要性。

◆ 成员可能不记得所有的相关事实，并且，如果在项目开始后很久才进行评价，所提供的意见就很有可能不如它们原本可能的那样准确或有见识。

◆ 专业竞争可能会导致某些成员只给予有限的项目经验，为了他们的机构和自身的职业发展而保留了"真正"的知识。

◆ 专业人士都不愿承认自己犯了错误或表现不如预期。我们很少有人乐于公开、诚实地讨论失败和错误，除非有一种相互信任和支持的气氛（这在机构内部难以实现，在临时组合的项目成员中甚至更难）。

127

128

◆ 不是所有客户都对项目后评价感兴趣。如果客户不是重复性客户，他们从参与项目后评价中所获得的收益可能很小。

◆ 分歧、纠纷和冲突可能使项目后评价无法进行。

从产品中学习

长期以来，建筑师和工程师一直因其在建筑完成后很少关注反馈或竣工后建筑物的实际使用情况而受到批评。随着不断增长的重复使用现有建筑的压力，通过改造、扩建和修复，建筑公司开始重新考虑其作用，并扩大其服务范围至设施管理领域。原来的设计团队被认为是为建筑物的维护、修缮和改造提供咨询的最佳人选，因为他们熟悉建筑设计的知识。

从经济的角度看，建筑物代表了业主和用户的固定资产，需要经常维修、修缮和改造。负责任的业主已经深刻认识到，定期维护其（往往是固定的）资产所带来的长期的经济效益；然而，许多业主未规定维修服务。更令人惊讶的是，仍有业主煞费苦心地聘请专业人士设计和监督其建筑的施工，谨慎选择承包商，然后雇用各式各样的公司（往往没有专业投入）不顾最初的设计理念进行改建和维护。从资产管理角度来看，这种做法并不明智。从环保角度来看，设计团队的目标应通过精心设计和选材尽可能延长建筑的寿命，以保护固结于构造中的稀有资源。建筑一旦建成，在改建或维修前，就需要查阅原始文件（如果不是原始团队来做的话）。

129

设施管理涵盖的活动范围广泛，从空间管理、维修管理到财务管理、运营管理和人事管理。虽然定义各不相同，设施管理的核心功能就是为机构的核心业务活动提供支持。如果要发挥建筑物的潜力，设施管理和设计之间的接口非常重要。如果要在建筑生命周期的各阶段精心维护和有效利用它，维护当前规划和维修数据至关重要。所有关心建筑维修及资产和设施管理的各方所面临的挑战是，往往无法访问过于分散的信息；这可能会导致损失最初创建建筑时所用的设计和技术知识。

个别项目所产生的信息大多与建设过程相关（项目导向信息），其中的少量信息，如图纸、规格和维修日志，适用于实际的竣工建筑（产品导向信息）。参与建设项目的专业人士出于法律原因，将在一定时间内保留项目信息和产品信息。然而，这些信息也是新项目的知识来源，数据检索和数据挖掘软件极大地促进了设计机构快速检索过往项目信息的能力。项目信息对竣工建筑的业主（或住户）来说可能价值甚少或根本没有。建筑的业主和管理者（不一定是客户或原业主）需要产品的信息，如平面图、构造详图及法律证书。这种信息很容易以电子方式储存和访问；然而很多设计师并不愿意发布这些信息，因为担心未来的业务受损 [如著作权法及知识产权（IPR）]。随着设施管理学科的发展，人们对建设和维修服务的兴趣都在增加，这使得人们越来越认同准确访问信息的价值。

使用后评价

我们日常与建筑物接触的方式和项目团队的表现间存在明显关系。收集和分析来自使用中的建筑的数据被称为"使用后评价"（POE），这可能由原项目组成员或未参与设计和实施阶段的顾问来执行。评估通常被安排在入住后计划的间隔时间（如 12、24、60 个月）后进行。POE 可以用来核查是否按预期实施了客户和用户的价值观（如书面的简报文件）。问题是，现在的用户可能不同于早期简报活动中的用户代表，在分析数据时应该考虑该因素，数据收集的焦点可以通过数据收集练习和项目参与者的经验来增色。与建筑物的业主和用户的利益相关的主要因素有：

◆ 空间使用。空间是否满足功能要求并按规划有效使用？新设施对工作实践和效率的影响如何？

◆ 时间。新设施是否能促进建筑物内的人员流动？

◆ 幸福感。员工是否接受所感知的舒适度和满意度？内部环境是否有助于提高效率？

◆ 声誉。新设施对公司形象的影响及用户对建筑的感受如何？

◆ 能源的使用。能源消耗是否符合预期？

◆ 维修和运营成本。更换部件、清洁、安全等。

有些因素可能比其他因素更容易收集到可靠数据。例如，通过抄表可以记录能源的使用情况，智能系统能够提供丰富的可供分析的信息。相比之下，观察人们每天的空间使用情况却很困难。POE 工作的目的在于汇报当前性能并找出与原简报的不同之处。对收集到的数据进行分析和反思后，可以作出纠正措施的建议和经验教训的总结。要解决问题应证明行动的代价，以提高绩效。与其他数据收集工作相结合，应在数据收集开始前清晰界定目标，并获得相关管理者的批准和授权。同样，评价方法应保持简单，有可衡量的成果，分配适当的资源，并有具体的时间表。用于 POE 研究的数据收集技术包括：

◆ 观察。参与者和非参与者的观察可以显示丰富的数据，但非常耗时，建筑物的用户可能会抵制外来人员。很少有人愿意在工作时被人观察。通过闭路摄影机进行远程监测和监督会引起道德问题，只有在获得相应的同意书及保障措施的情况下才能使用。

◆ 步行调查。观察调查用于试图通过对用户的观察和聆听获得对用户使用空间的印象。"步行"一词有点误导，因为数据收集通常涉及在空间内坐着或站着观察用户进行其日常工作，往往会结合与用户的随机、非正式的讨论。

◆ 问卷调查。用户满意度的问卷调查有助于揭示建筑物用户／业主／管理者的看法。也可运用空间使用情况问卷，但也许不能给出准确的刻画，因为当其用于具体区域时，有赖于人们的记忆力。

◆ 访谈。访谈技术对收集用户的看法和意见十分有用。

◆ 焦点小组。这种方法可用于和各种利益相关者及用户代表探讨具体问题。

◆ 测量。通过测量收集硬数据往往比访问和分析更容易：通过电子传感器测量空间使用情况、能源使用情况、清洁频率、短寿命组件更换情况等。

◆ 基准。这可以在一定数量水平上进行比较，包括与其他建筑。

循证学习

有必要平衡体验式学习和从相关文献中获取的知识。通过与相关学术研究成果和他人观点的比较，可以增强日常的挑战意识。不断地提问有助于保持知识的新鲜和适用，刺激 132 常规方法和程序的创新。许多专业人士发现很难找时间去阅读研究文献，往往依赖于专业期刊，它们是最新趋势与创新的信息与知识的来源。还有其他很多有待开发的知识来源，其中一些可能会为从业者提供更大的价值。典型资源包括：

◆ 教材。虽然主要针对学生，但它代表了一种有用的、易于接受的、被过滤了的知识来源。

◆ 专业期刊。主要应对典型问题，帮助从业者更新知识，与从设计到法律问题等诸多领域的最新发展保持一致。

◆ 研究性期刊。同行评审的文章能为从业者提供一些有用的信息；但是，搜索与实践相关的文章需要时间。

◆ 会议。会议圈主要被学者占据，他们中的大多数没有或很少参与实践。因此，参与者会发现，他所使用的语言及所信奉的理论的适用性与日常实践难以联系。尽管通过网络可以获得很多数据，但仍很难访问会议进程。

◆ 持续职业发展（CPD）活动。其目标对象为从业人员，往往利用会议、期刊和教材中收集的信息，来自活跃从业者的大量轶事证据令这些信息更丰富。作为 CPD 计划的一部分，短期课程的培训和教育，提供了一个迅速有效地提高和扩展知识的手段。

对从业者来说，最大的挑战是寻找时间来搜索和阅读与其特定的背景和需求相关的资料。对有些专业人员来说，一本好的教科书可能比参加一天的会议更有价值；这取决于个人的兴趣及与学术环境的互动程度。无论采取什么方法，都必须了解其专属领域以外的经验，并与他人的经验相结合。

133 行动中的反思

不幸的是，更多的经历并不能保证有更多的学习。当以某些方式经历痛苦或新奇时，从经验中学习（经验学习）往往最为有效，但是，如果我们希望留在公司，从错误中学习并不是一个好办法，与全面质量管理（TQM）的精神不一致。从新奇的经历中学习知识的机会可能会随着时间的推移而减少。因此，事后的反思性实践非常重要，因为个人会反思他（或她）的行为（这可能相当普通和寻常），而不是等待从经验中学习。反思性实践者有机会对理所当然采取的步骤和习惯进行反思，而这些步骤和习惯在分析时可能会有改进的余地。帮助反思性实践的工具有很多，从坚持记反思日记到与同行组成讨论小组（质量圈）。对实践的反思是职业发展的重要组成部分，个人方向的管理越好，公司应对变化的条件也越好。

"反思性实践者"的概念对设计师来说非常熟悉，它构成了很多建筑和建设环境教育的组成部分。设计行为本身就是一种反思活动，并且，设计思维是一个引人入胜的研究领域。反思项目进程可能不如反思我们的设计决策那么有吸引力，但正是它让我们学到了很多关于如何实现设计意图的知识。个人在行动中的反思是一种个体行为，大部分会瞒着同事，除非我们决定分享该经验。体验式学习是设计管理的一个重要方面。坚持记录经验并从导师处获取意见（如果可行）是从经验中记录和学习的一种方式。对日常活动的反思，结合来自出版物的佐证，应构成职业继续教育的有机组成部分。

反思日记

反思日记是一种帮助个人发展其知识和应对能力的既定工具。其意图不是详细记录每件事，而是记录和反映对个人意义重大的事件，目的是，假使将来发生相似或相同的事件，反思能让人处于更好的情境中。反思日记可以是一个数字文件（如存在笔记本电脑里）、一个笔记本，或一个速写本，设计师往往更倾向于后者，因为它更容易添加一些小的示意草图。记录条目的频率和风格因人而异。有些设计师会在一个"重大"事件后给他们的日记添加条目，如一个项目遭遇了重大问题，或取得了极大成功。有些设计师则每周甚至每天添加条目，以记录和反映不太重大、但同样重要且与其工作职能相关的事项。推荐个人使用的格式为简单的三段式：

134

- ◆ 描述情况。事件的简明纲要，问题或成功，参与者及将要反思的问题。保持事实。
- ◆ 对事件的反思。哪些事可以有不同的做法？这往往是个人问题。
- ◆ 思考行为。探索一些情况。例如，如果未来面临同样的事情你将如何应对？你会有什么不同的做法？是否需要更多的知识、教育或培训来帮助你更好地做准备？

反思日记是个人为提高绩效而用的私人文件。事实上，许多人发现晚上在家里反思是有用的。日记内容是保密的；然而，反思中可能会意识到，某些问题不能被孤立解决，需要在适当的时机在机构或项目团队内提出。反思日记也是一种用于识别哪些事情进展顺利，哪些事情需要改进的良好工具。这些内容可用于定期的知识交流会议及年度员工评价。

知识交流会议

会议提供了一个讨论绩效的最佳论坛。会议应在规定的间隔时间及项目结束时举行，以便随着项目的推进而获益。每个会议都需要有人主持（最好是没有直接参与项目的人）。应记录重要的信息，并确定明确的行动。随后这些新知识需要传播给相关各方，并在第一时间将其纳入实践和程序（参见第 11 章）。

讲故事

讲故事是一种向他人解释情况和转让知识的有用方法，它在建筑中的使用非常普遍。非正式的对话和小团体的沟通可以用来向办公室的新成员讲故事，这是一种让他们适应办公室制度的手段，有助于说明好的和坏的做法。轶事有时会成为办公室内的传说，熟悉的类似于"你听说过那时候……"的开场白，打开了有关办公室和项目道德的传闻叙述，揭示了在机构内秉持和期望的价值观。毫无疑问，轶事是事实与虚构的完美结合；实际上，真相常常被放大以表明某个观点，但目的是让人们记住一个信息。这些故事能有效帮助提出观点或解释事情为什么要像他们这么做。讲故事是在小组人群间传播知识的有效工具。有效地使用这些对话可以帮助揭示和发展在办公室和项目组织中所掌握的知识。

向同事学习

另一种学习途径是，观察、聆听和分析我们办公室同事和我们项目参与者的行为。如果时间允许，仅仅通过努力了解工作环境中发生了什么，就可以收集大量知识。办公室内的互动相对频繁，随处可见，如果我们有时间这样做，可以有大量的学习机会。项目内的互动并不多见，通常发生在会议、研讨会，以及远距离的电话会议上；所以，观察和倾听他人行为的机会比较少。设计经理应能观察和聆听办公室里的议论和项目的动向，但他们也需在办公室内尝试和灌输这些品质，以帮助创建一个学习型机构。

行为研究和学习

通过对个人和集体经历的反思，结合对研究结果的理论争辩和分析，我们能更好地促进我们的工作实践。这涉及有计划的（经过深思熟虑的）变更，其中大部分是递增和相对渐进的，但其中有些更激进、更实际。

行为研究是应用研究，目的是积极、主动地影响一个体系（本例是社会体系）内的变革。这涉及研究者在客户系统中的积极参与。由于行为研究具有与其他所有研究一样的价值，所以必须在确定的计划内有条不紊地进行，并配以足够的资源。这类研究的成功取决于研究者的经验和能力，以及研究者和客户的协同性。其成功还取决于参与研究的人员所显示的投入程度。客户机构和研究者应在达成协议前就研究的道德问题和价值观进行讨论。民族志学者可能是已经在办公室工作经过研究培训的人员（如有研究学位的人），也可能是应邀加入客户机构承担研究任务的研究人员。研究程序的主要阶段如图7.2所示，顺序如下：

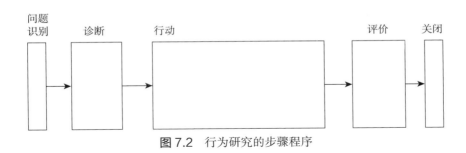

图7.2 行为研究的步骤程序

◆ 开始。客户通常要提出问题，由机构启动，并与研究人员讨论。达成明确的目标、资源和时间表。访问量通常是机密的，并且，具有商业敏感度的机构设置也需加以讨论并达成一致。

◆ 诊断。该阶段涉及研究人员和客户讨论并认同最恰当的管理理念和研究工具，以 137 解决问题，并就行动计划达成共识。

◆ 行动。行动阶段涉及民族志学者在客户实施既定行动时收集来自工作场所的数据。

◆ 评价。数据是由客户和研究人员联合收集与分析的，其成果应成为可被进一步采纳的建议和意见，如果合适，应被发展融入新的行动计划。重要的是应意识到，鉴于设计和施工项目的动态性质，某些行为研究可能没有定论。然而，鉴于研究的性质，任何努力都不可能白白浪费，因为它将帮助凸显人们在工作场所的行为。

◆ 结束。在计划最后，应作出总结，以帮助传达业务惯例，并且很可能出现新问题和新挑战，有待在相关研究中解决。根据客户和研究人员达成的协议，其结果可能会在随后通过出版物来传播，或被保留仅供内部使用。

"行为学习"是一个术语，用来描述一个归纳过程，在此过程中管理者试图解决工作场所的组织问题。这种管理发展的方式涉及通过小组内解决问题的过程来学习，即通过行为学习来学习。与行为研究一样，在进程开始前需要明确界定问题并划清小组界限。同样，在项目结束时，应在机构内对研究成果进行分析和传播。应有一位主持人来促进行为学习的进展。

公司内的学习可以得到顾问的帮助，也可借助与学术机构的互动。大学在与行业的密切合作中投入较大，他们通过在应用研究和基于工作的教学计划之上达成的联盟来分享他们的知识。基于工作的课程计划可以：以学生为中心，大部分工作在工作场所内完成；或者，以教师为中心，由讲座、研讨会和评估活动构成的课程计划。很多成功的计划结合了这两种方法，旨在围绕特定项目或任务来开发员工技能。基于工作的学习和发展计划应努 138 力追求：

- 识别现有知识的不足，并加以改进。
- 识别知识和专业的新领域。
- 鼓励员工分享他们的知识（如通过内部研讨会）。
- 更好地了解工作做法，以便减少浪费和提高效率。

在观察和聆听中学习

设计经理的一个重要能力就是观察和聆听办公室内员工的活动，并尽可能和参与项目的其他各方进行互动，且该互动通常发生于会议中。只要通过努力了解工作环境中正在发生的事情就可获得大量的知识。基于此，设计经理不应独占一间办公室而与设计工作室相隔离。脱离行动，对个别项目，他们将知之甚少，将不得不依赖个人对其正在进行的工作所做的汇报，即使其出于最好的意图，也可能与实际所做有所出入。在合适的位置聆听办公室的嗡嗡声、观察正在进行的工作，能使设计经理发现好的或坏的做法。

项目到事务所的接口

项目完成后，设计经理的角色将转变为"售后服务"。项目将要完成时，除了正式的访问（如签收出色的工作和检查潜在的缺陷），可能没有任何与客户保持联系的合同理由。新项目将对设计事务所施加要求和压力，设计经理将联系参与新项目的员工。然而，保持与客户和建筑的联系非常重要。这使设计事务所有可能从使用中的建筑汲取经验，并有助于保持与客户及关键成员（如设施经理）的联系，以期今后的工作。尽管，接触客户可能会在"合伙人/董事"层面上正式进行，设计经理仍有可能在项目过程中发展与客户或客户代表的密切关系，这是涉及新的工作机会的重要的、非正式的关系。

从商业角度看，显然有必要在项目完成后与客户和建筑物的管理者/业主保持联系。如果在项目结束后与客户保持定期联系，对现有客户的销售将变得更加容易。从技术角度看，事务所可以从评估建筑物的风化方式中获益。这也许可用目测来判断，但也有必要了解需要多少清洁和维护费用？这只能通过与物业维修人员的交谈来获取，这一策略也可能为事务所带来今后工作。要成功，项目和事务所文化必须致力于学习文化，鼓励开放的交流和建设性的批评能力。项目和机构层面的指责文化不利于持续学习。专业人员应通过定期的持续职业发展活动不断努力学习和更新技能，这些应与办公室和项目环境中更好的表现相挂钩。评价和学习为所有利益相关者形成一套有着长远目标的持续计划：考察事物情况，观察人们举止，仔细倾听别人意见，精心设计问题，并向高层管理者和用户群体展示调查结果，以此促进积极的改变。

设计工作室是一个创造性的、刺激的、令人兴奋的工作场所。公司的管理结构和在工作室内发展的机构文化将对个人项目的发展方式产生重大影响，从而影响企业的营利能力。成功的企业，与建筑设计一样，需要痴迷于细节：考究业务方方面面的方法。成功的服务公司往往以其领导者的技术与表现，结合设计构思、业务技巧及细致有效的领导方式而引人注目。业主的价值观将体现在办公室的结构和文化中。办公室文化及其市场定位将构成企业价值观的一部分。这些价值观将与机构内的管理框架互相影响，该框架应有助于鼓励和保持创造性的动态氛围。应仔细考虑设计工作室的社会生活，以创造一个最佳环境，供人们互动，创造和分享知识，致力于项目，而不被繁冗的管理制度、恶劣的工作环境或不相称的待遇所阻碍。从很多方面来说，其问题就是设计并实现与市场的契合。在几乎所有设计事务所中（最小的除外），设计经理都是公司业主、员工和项目利益相关方之间的桥梁。

建筑师事务所

大多数建筑师事务所都非常小，这也是其他专业服务公司（如会计师和律师事务所）的特点。对英国和其他国家的建筑师的调查显示，多年来，建筑专业公司的规模按比例保持相对稳定。约 70% 的设计工作室都是"非常小"的团队（1—5 个建筑师），15% 属于"小"型设计室（6—10 个建筑师），剩下的 15% 则有 11 个以上的建筑师。虽然，大型设计所占小型设计所的一小部分，它们仍然承担了相当数量的工作，另外，鉴于其规模，它们的架构和管理方式往往与小型公司不同。约有一半的建筑师事务所是由唯一的首席设计师负责的。尽管很多个体从业者会大范围地雇佣各类员工，其中一些公司仍是一个人的企业。另一方面，企业往往会以合法的合伙关系（两个或两个以上的合伙人）或有董事的有限责任公司来组成。比较少见的建筑事务所形式是上市公司及合伙人与合作社集团。鉴于约 85%的建筑事务所雇佣 10 个或 10 个以下的建筑师，大部分针对大型机构的管理文献可能不太适用。小型专业服务公司没有雇佣诸如人事经理这类员工的资源，这项工作由一位高级建筑师或办公室内的主管在自己的职责以外来承担。

不论规模大小，设计机构如果想取得商业上的成功，就必须利用设计人才之外的一些技能。设计室需要有明确的方向、高效的领导力，以及预测未来市场和适应变化的能力。

管理体系必须简单灵活，足以使企业的创造力蓬勃发展。企业需要软硬结合的管理系统。硬管理系统是指公司所采用的正规结构和系统（如质量管理），是以任务为导向的。软管理系统则处于硬管理系统之内，关注公司非正式的直观性质，以及个人的能力、价值观和情感。如果机构要成就和保持盈利的事业，理想的软硬系统就应相互补充，并能调整和改变。对专家来说，建筑企业必须忠诚于：

145

- 客户
- 自己及设计工作室的成员
- 社会

专业服务公司

由专业人士组成的、向客户推销比独自工作更有效的服务的团体，即为"专业服务公司"。这些企业通常会以合法的合伙关系或有限公司的形式来组成，分别由合伙人和经理来负责企业的管理。其主要财富就是在公司里工作的人。其他术语，如"员工公司"和"知识型公司"，也被用来反映企业的综合技术、知识和经验。专业服务公司包含大量通过项目为客户进行复杂工作的高技能人才。根据该领域的权威人士 David Maister（1993）的观点，专业服务公司具有两大特征：定制及客户关系。两者结合就要求机构吸引和留住高技能人才。高度定制会给管理带来困难，主要是因为其情况可能相对陌生，从而无法适用标准的管理技术。高水平的客户关系，主要通过面对面的沟通，需要非常特殊的人际交往技巧，其质量和服务具有特殊的意义。这一界面值得我们投入与设计活动一样多的关注，因为没有客户，就没有收入，也就没有了业务。

专业人士首先关心的是满足客户需求，然而因其将业务的运作视为其工作的次要部分而背负骂名。例如，建筑师主要感兴趣的是满足其顾客价值观的设计与创作。机构管理常常被视为次要活动。专业人士常常因经营管理不力、损失利润或错失发展业务的机会而受

146 到指责，这会导致利润下降，威胁机构的长期生存能力。建筑公司也未能逃脱这样的批评，它们似乎对业务管理的概念感到局促不安，尽管事实上，建筑既是一个职业，也是一种商业。有些作者声称，管理设计机构的任务不同于管理其他类型的企业，因为它是在与创作过程相关的特殊规则下运作的。某些方面来说它是正确的；但是，必须承认，设计机构有很多不同于其他知识型专业服务公司（如会计师和项目经理）的特征。图 8.1 显示了建筑事务所的四个主要特征：

- 创造性
- 受专业机构监管
- 依赖于一个市场领域：建筑业
- 服务提供商

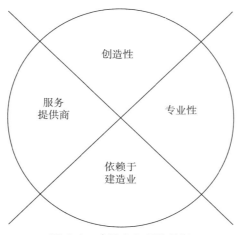

图 8.1 建筑事务所的特征

创意公司

客户委托建筑师为某个特定问题提供独特的设计解决方案。建筑师通过提供和交付创造性的设计解决方案为客户提供价值。研究表明,建筑师对创造性工作有很强的辨别能力,尽管事实上他们常常工作于高度专业或非常技术的领域。大多数建筑师希望有更多的设计工作(包括更多地参与初步设计阶段),并能更加自主地工作。对设计师来说,个人对设计的控制非常重要。其挑战在于提供一个充满刺激和创造性的办公环境,以便在专业管理结构内留出创意的空间。

专业公司

建筑师及其业内同行受其专业机构的管控,并受各自的行为准则所约束。在英国,"建筑师"的头衔是受保护的,为了使用该头衔,所有建筑师必须在建筑师注册管理局(ARB)注册。大多数人会选择加入英国皇家建筑师学会(RIBA)或类似的专业机构,如顾问建筑师协会(ACA)。尽管专业机构建立之初是作为保护其成员利益的一种手段,但它们的一些专业规则限制了其成员的经营途径,例如,限制他们为其服务做广告的方式。注册公司必须遵循相关专业机构的行为规范;否则,该公司可以自由选择任何合法的行为方式。所有公司必须购买专业赔偿(PI)保险。专业公司以诚信和公正为基本价值观,旨在通过道德的商业实践服务于客户和社会的利益。

对建筑业的依赖

建筑师与一个行业有着特殊关系,即建筑业。建筑业的经济气候影响着建筑师事务所的经济财富。经济增长时期,对建筑师的需求将增加,而在经济衰退和停滞时期,对建筑物的需求下降,导致对设计服务的需求也下降。对建筑业的依赖更为复杂,因为建筑公司关心的是设计和实现（施工）问题，他们本身来自不同的文化背景，通过项目暂时组合在一起。建筑公司不能将自己独立于建筑业之外，因为其他参与者，如建筑技术、建筑测量师和承包商，将竞争工作，这将影响建筑师的业务。

服务提供商

148

建筑公司关心的是：向他们的客户提供服务，其范围取决于企业的市场定位及个别客户的需求。客户定位及多项目环境意味着建筑企业必须动态适应不断变化的环境。所供服务的质量（客户感受到的）是基于所供服务的整体经验，取决于服务的范围及成品的质量。服务质量主要取决于设计事务所，尽管客户的感知还将受到其他设计和项目团队成员的影响。

专业服务公司会遇到很多有据可查的、与其提供的服务相关的挑战。所供的服务对客户来说可能是无形的，它们有着特定的背景、有限的保质期，并可能难以保持一致。

◆ 无形性。设计业务的产品往往难以看见。客户也许会看到一套图纸和一栋竣工的建筑，但生产该产品所做的工作往往看不见，因此得不到肯定。这种无形的服务意味着专业服务公司必须经常与客户沟通，解释他们所提供的服务的价值。在建的和竣工的项目、设计方案和设计奖项的照片展示于设计事务所的接待处和基于Web的主页上，以宣传公司所供服务的质量及类型。

◆ 背景。服务针对特定客户，往往也是针对特定地理位置的。很多小型设计事务所将客户群限制在办公室周围的特定区域内。虽然这有助于加强其在当地的生存力，但也使其易受到当地市场情况波动的影响。

◆ 消耗。服务不能像产品一样被储存。它在产生的同时即被消耗；因此需要仔细地规划工作量，以配合办公室的资源，满足客户的需求。新项目需要被预先计划，以适应可用的办公资源，从而确定了设计事务所以约定的时间及质量参数交付工

149

作的能力。如果工作量是以适应设计室而不是客户需求来计划的，就需要有良好的客户关系。需要有效利用员工时间，以确保营利能力，这可能意味着，需要引进自由职业者，以帮助完成临时增加的工作量。

◆ 一致性。服务的一致性是另一个问题。独立从业者也许能相对容易地提供一致的服务。他或她以相似的方法对待每个项目，比较容易控制服务的一致性。将两三个或更多的专业人士集合在一起，需要在一定程度上协调其活动和价值观。为高水平的服务建立和保持良好的信誉需要花费很多努力，尤其是当建筑师"汇聚一堂"用不同的方法来服务他们的客户群时。所有员工必须清楚了解"可接受的"和"不可接受的"工作标准。使用全面质量管理（TQM）及定期质量检查可以帮助保持一致的服务水平。稳定的核心员工群也有助于服务的一致性。

客户及服务市场

建筑公司都面临着为各种客户同时管理大量小型的、极其复杂的和定制的项目。客户通过选择与价格匹配的服务质量和成品质量来选择他们的顾问，从而寻求其价值；设计并不是唯一的区别因素。客户也是构成设计公司机构文化的重要部分，同时，以积极或消极的方式影响着项目。创意必须对照客户的要求、预算、规章和计划来考量。客户和建筑师间的良好沟通不仅对项目的成功至关重要，而且对长期的客户关系也意义重大。满意的客户是新工作最重要的来源，既能获得他们进一步的委托，也可通过他们的推荐获得其他客户。理解客户的能力对于开发设计至关重要，同时也保证了企业能够为客户提供适当的服务。客户在设计和施工项目上的经验水平及其委托顾问的方式各不相同（参见第 13 章）。 150 从设计事务所的角度来看，客户往往属于以下类别之一：

- ◆ 合作型客户。他们愿与设计部门共同努力达成共同目标。重点是通过坦诚沟通分享价值观，并为所有利益相关者带来最大价值。这需要双方共同努力，在项目的全生命周期保持合作关系。
- ◆ 挑战型客户。挑战型客户不断要求高水准的服务。他们对设计室来说是一件好事；他们有助于保持对标准的重视，接二连三的挑战型客户将促进服务水平的提高。
- ◆ 不合作型客户。他们往往持续设置阻力和提出批评，需要加以谨慎管理；否则设计室是不可能盈利的。他们不愿过多参与项目，也不愿分享价值观。当为那些代表他们利益的工作支付款项时，不合作型客户可能会存在问题。

有些客户可能会在一个项目的生命周期内展示所有这三种特点，所以设计室需要保持警觉，期望行为有所改变，尤其是在具有挑战性的时期。

管理客户关系

建筑师与客户的关系需加以培养和管理，以使双方从该关系中获益。"客户同理心"是清楚了解和清晰沟通的关键，这反过来又关系到设计的有效产生和传递。客户与建筑师的界面管理涉及一些具体和相互依存的技能，从倾听客户（和关键项目利益相关者）的能力、管理客户期望，到发展客户的信任。

- ◆ 倾听客户。倾听客户是最关键的技能及良好的沟通技巧的重要组成部分；对客户的价值观和需求理解得越好，越有利于设计室提供恰当的服务。倾听技巧是有效简报及发展和维护客户与建筑师关系的必要手段。
- ◆ 管理客户期望。良好关系的关键是获得与期望相匹配的结果。开放的沟通将有助 151 于突出客户与设计师之间的期望差异。客户需要经常接受建设进程方面的教育；越多鼓励他们参与设计过程，就越容易确认其价值观，从而满足其期望。质量管理体系是这方面的有用工具，因为它能帮助企业向客户通报变更情况及其影响。

◆ 建立客户的信任度与满意度。这里的关键词是诚信。客户将自己的信任（及金钱）放在他们的顾问手中，期望他们任何时候都能公开和诚实。对特定项目的满意度将与客户对所供服务的感知有关。客户在他（或她）的项目中参与越多，就越有利于发展信任，从而得到满足。

管理服务提供

建筑事务所在规模、提供服务的类型及所做工作的类型上都各不相同。有些公司是专门设计某一特殊建筑的，如医疗设施。这些公司能够因其高度的专业化水平而从某个特定市场获得项目。同样，他们也易受到该行业活动低迷的影响。另一些公司能设计任何类型的建筑，不论大小或位置，往往被称为"全科医生"。研究表明，约80%的建筑事务所至少专注于一种建筑类型，如住宅建筑、工业建筑或零售建筑。这将影响设计工作室能够吸引的客户类型。所供服务应符合客户需求及业务目标。在业务活动中，成功的关键是以具有竞争力的价格为客户提供优质的服务，并以服务（及终端产品）的价值能被客户欣赏的方式来提供该服务。典型的服务提供类型包括：

152

◆ 单一的设计服务。概念设计师或"署名建筑师"主要关注创造性的设计行为和高度创造性和创新性的设计方案的发展，这些方案随后由其他人细化和完成。这些建筑师将因他们的创意和大胆设计而闻名，并因他们的设计才能而赢得佣金。这是一个非常小的市场，只有少数设计事务所能以这种方式运作并营利。大多数设计所要以更多平凡的工作（他们往往不公布）来补充其高度创造性的工作，以创造足够的收入来维持设计所的财务运行。

◆ 传统模式。这包括建筑师从开始到完成所提供的熟悉服务。它是建筑事务所最常见的服务提供类型。许多事务所还提供项目管理服务。

◆ "一站式"服务。有些建筑事务所具有多元性，可为其客户提供一站式服务。作为一个全面的服务提供商，服务范围将包括从选址、设计，到施工、维修、设施管理、处置或回收管理。由于其本身的性质，这些机构也能提供各类独立的分项服务，如单一的设计服务及项目管理服务，以满足广泛的客户群的需求。

企业管理

需要重新界定和改造建筑师事务所的理念曾被多次提及。在一定程度上，仅仅通过改变业务运作环境就可迫使建筑事务所的改变。竞争加剧，以及借助IT技术传播专业知识，将极大地影响很多建筑公司的未来走向。其他驱动因素（如政府主导的要求较高效率的报告）通过让客户更加了解需要改进的地方及较为迫切和关键的服务内容，给专业服务公司施加了额外压力。技术的进步也提供了变革的机会，信息通信技术、设计制造一体化及场外产品，有助于彻底改变实现建筑环境的方式。先进的技术还为建筑师提供了改变设计和施工项目管理方式的可能性，例如，通过制造商和建筑师之间新的工作关系，以及与客户更加紧密的联系。变革的动力也将来自建筑公司内部，它们热衷于通过创造设计和实现令人兴奋和刺激的建筑，为我们的建筑环境作出积极的贡献。建设项目投资商及建筑用户已经意识到，良好的建筑能给他们的生活带来的价值。项目的计划和管理方式，以及在整个项目生命周期中对设计的关注，将对竣工建筑及建筑用户产生消极或积极的影响。

153

客户变得越来越苛刻，更快和更便宜地交付项目的压力越来越大。市场力量迫使一些设计机构为了生存调整和提高自己的经营管理。有些公司则专注于它们的设计核心能力、外包大部分技术工作及项目管理责任。还有很多建筑企业扩大了它们的核心能力，提供了广泛的管理导向型服务，与其他供应商直接竞争。不同的方法反映在设计室文化及设计室愿意并能够承担的客户和项目的类型中。不同的方法也反映在设计室的规模与抱负中。在竞争激烈的市场中，战略规划和创造性思维对于生存和持续盈利至关重要。超常的努力、才能及一定的运气都会影响到企业的成功；未来的战略规划也是如此。需要努力做成独特的、与竞争对手不同的企业，同时平衡风险水平和预期回报。这意味着，应建立一个强有力的形象，辅以明确的价值观和向客户传达一致的信息。

设计机构的工作量和工程量与其所在国家或地区的经济财富相互依存。对任何企业来说，持续的挑战是，难以预测经济的增长期和衰退期，因此需要在机构内保持一定的灵活性。除了全球和国家经济，还有与地理位置及具体的建筑类型相关的地方经济。成功的企业有能力将自己的服务销售到最有利可图（或潜在的最有利可图）的市场领域或地区。设计事务所往往能预先得到经济波动的警告（无论在宏观还是微观层面上），它反应在客户咨询的增加或减少中，但除了做好准备适应变化了的经济环境，无能为力。经济波动的影响反映在公司员工的数量上，公司会在繁荣时扩张，在低迷时减员。这些转变给保持优质的服务和称职的员工带来了挑战。

154

发展来自不同行业的客户群，给设计事务所带来了在某一特定行业衰退时更好的生存机会。作为一般规则，只依靠来自单一市场的委托，或只接受选定客户的委托，是个危险的策略。供应链管理、战略结盟、伙伴关系和框架协定，或多或少地涉及与熟悉和信赖的伙伴的合作。当企业变得过于依赖极少的关系网络时，就埋下了危险。采取灵活的方法聘用员工并达到所需的空间总量，有助于使企业更加适应市场的波动。但是，这不能代替业主明确方向和创建能够管理项目组合的有效环境。企业的成功管理，是基于透彻了解专业服务公司的运作方式以及某些公司比另一些公司更成功的原因。这涉及澄清业务战略及了解企业所面临的挑战。

机构类型

组织机构往往被归类为：交付型公司、服务型公司或创作型公司。机构类型受到业主的价值观和愿望的强烈影响（图8.2）。

155

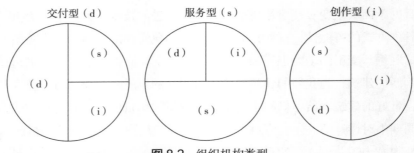

图 8.2　组织机构类型

- 交付型公司以"效率"为目标组织机构，有赖于标准的设计方案、正式的结构和相对稳定的工作环境。这类公司往往专注于有限范围内的建筑类型（如，办公楼或零售建筑），使其工作类型和客户类型相对明确。通过减少客户的参与度及标准化的生产过程，公司无需经常改变。

- 服务型公司以"服务"为目标组织机构，并为其客户的具体要求调整其服务。它有一个灵活的管理结构和高度动态的内部环境，使设计室能够迅速响应其客户的不同需求。富有个性和创造性的设计方案比标准的回应更受欢迎，也更加鼓励客户参与项目。

- 创作型公司以"创新"为目标组织机构，力求为特定问题提供创新方案。它有一个灵活、非正式的结构和多变的环境。它很少考虑标准的设计方案，因为客户就是为了独特的项目才委托该公司的。

很容易找到分属于这些类别的建筑企业，尽管随着时间的推移，机构可能会改变其类型，或同时在两三种类型间运作。例如，很多设计事务所声称，它们除了可以提供强有力的服务和创作，也可提供强有力的交付效率，从而声称可立足于所有三个阵营。

组织结构

除了公司类型，还应考虑组织机构的控制类型，它通常反映了主管的个性和领导风格。组织结构包括创业型机构、官僚型机构、专业型机构和创新型机构：

- 创业型机构由一位独立的合伙人或董事拥有和管理，并且，在大量以建筑事务所的形式经营的小公司中，这是一种常见模式。其组织结构非常简单，由公司业主制定所有重大决策。因其规模较小，公司具有较大的灵活性和高度的适应性，但这样的规模也阻碍了它处理大型项目的能力，除非与其他机构结成某种形式的战略联盟。提供的服务质量由老板决定和支配，他们能够预见可能存在的个性风格。员工往往是为老板而不是与他们一起工作，并被期望可以跟随其领导人的建筑风格。成败主要取决于领导人能否带来稳定的新项目来源。

156

- 官僚型机构具有很强的组织性和高度的形式化，"如机械一般"，因而不被创作人员所喜欢。它更适合大中型建筑事务所，虽然在小型事务所中也能见到。它提供的服务标准高度专业、合理和明确。员工有非常明确的工作框架，预计不会偏离设计室的运作模式。这类机构被认为会扼杀创意，更适合一个稳定的、相对不灵活的环境。

◆ 专业型机构由数位专业人士组成，所有董事共享相同的办公室和工作人员，但主要工作彼此独立。这类企业通常以合伙关系或有限责任公司的形式组成，这是一种普遍的做法。在这种模式中，董事们尽管在共同的企业框架内，但彼此独立工作。需谨慎对待，以避免协调问题。客户可能会被业主采用的多种方法所迷惑。同样，员工也会发现难以适应不同董事的工作方法，很难配合不同业主赋予他们的重叠的要求。需要灵敏的协调和管理项目组合，以确保资源分配能满足企业需求，而不是每位业主的个别需要。

◆ 创新型机构以专业技能为基础，并拥有最灵活的结构。它能顺应变化，且不使用标准的设计方案。虽然有人可能认为它提供了一种令人振奋的实践建筑的文化，但它依然被视为是低效的，且对公司员工要求过高。通常，这些公司为单个项目而成立，也许是因为赢得了某个建筑设计大赛。因为它们是创新和应急的机构，所以不使用现成和规范化的管理模式，并可能难以预料服务的质量和一致性。 157

设计公司不是稳定的实体；它们会随着时间的推移而变化，以应对外部压力（如客户和项目）和内部压力（如人事变动）。常见的是，设计室会随着自身的成熟及对其业务环境的回应而改变。一家创新型公司可能最终会演变成一个官僚型机构。很多设计公司有很高的适应性，可以调整自己的文化以适应特定客户的需求。建筑公司常常会根据与客户（如重复性客户）的互动而改变自己的文化。

控制和领导

在专业服务公司内，员工管理和业务运作有着非常紧密的联系。将董事或合伙人的管理意图明确、有效地传达给所有员工是一个基本要求。公司的有效管理应关注公司的组织结构及其成员的动机。公司的组织结构关注的是通过工作说明和行政规则"控制"其成员的活动。然而，如果该控制不适合他们的职业道德，个别员工将行使自由意志，并可能选择不遵守强加于他们的限制。这一特点在创作人员（如设计师和建筑师）中非常明显，他们似乎都乐于"歪曲规则"并忽视管理控制。设计工作室应有一个激励环境，鼓励人们在管理框架内开展创造性工作和进行有效沟通。这就需要一致和明确的领导。公司的目标、提供服务的范围及其管理控制的目的应加以明确界定，并要求机构所有成员严格遵守。任务说明和目标声明将构成管理决策的基础，也将有助于日常管理的决策。

不论规模或目的，每家设计事务所都需要有人来掌控。此人通常是设计所的资深合伙人或董事、总经理。设计室个别成员只是部分了解和关注公司正在做些什么（这类事情并不少见）。设计师将主要关注其个人的工作量和自己的项目，但很多设计师也会致力于保持企业盈利。设计室内的沟通应促进业主和员工间的互动，以使设计室的所有成员能够分 158

享相同的价值观和目标，并因基于个人和机构绩效的奖励制度而得到强化。管理者会通过一般的政策决定、个别项目管理及设计室的日常事务管理影响个别设计师的行为。管理者还将通过自己的管理风格（独裁或民主）影响整个过程。控制可分为三个层次：战略决策、个别项目控制和日常管理控制。

- ◆ 战略决策。策略决定了设计室的管理方式、设计活动的协调及质量水平的控制方式。质量管理体系和信息技术的使用将促进策略的制定。
- ◆ 个别项目控制。这是为适应个别客户和设计任务的具体特点量身定做的。其质量参数将在项目质量计划中列出。
- ◆ 日常管理控制。在一家设计公司中，对个人的管理内容广泛，包括：使职员尽可能少地受经理影响而作出自己的决定；严格控制需要密切监控的决定；办公程序的细微变化都要得到设计（或技术）经理的批准。

企业规划

企业规划是建立和维护企业良好形象的重要因素。它应包含明确的目标说明及公司的主要目标和战略。该计划有时被称为"价值观"。企业规划将通过战略评估内在和外在的因素来制定。其中，外在因素有：

- ◆ 客户和服务市场；
- ◆ 对客户和服务的竞争。

内在因素有：

- ◆ 设计室的结构和抱负。

159　　由此，可在目标客户 / 细分市场、可以提供的（专业）服务类型，以及将要收取的服务价格的基础上作出决定。

建筑师必须学会区分公司的设计与经营。一份好的企业规划应该允许企业拥有自发地、创造性地应对形势的自由。一份考虑欠周的计划很可能会抑制而不是促进公司的创新潜力。为实现目标而做的核心业务设计和公司规划，应在董事们仔细研究和评估公司的专业服务市场、考虑风险与回报间的平衡，以及研究有关专业性和多样性的问题之后才能执行。随后公司可规划其重点和目标，制定实现目标的策略并撰写目标说明。应根据已知资源考虑和制定重点，并作为企业规划的一部分落于书面。必须定期评估和修订战略计划和使命宣言，以反映不断变化的市场状况。只有将战略计划和目标说明落于书面，才可考虑营销策略。

- ◆ 战略计划。战略计划是指导日常业务的工具；它应简洁易懂。冗长的文件会导致员工的忽视，从而失去作用。战略计划应成为办公室手册或质量计划的重要组成部分。它应清晰显示今后 12 个月或更长时期（如今后三年）的企业目标。只有以书面形式达成共识并提交这些计划，才能使必要的资源落实到位、确定培训项目并制定营销策略。战略计划一经认可，就可提供一个实用的框架，可以根据预测的现金流分配和评估人力资源（图8.3）。公司业主的管理风格将影响战略计划的发展。在自上而下的方式中，业主将制定计划并强加于员工。自下而上的管理方式则可使全体员工参与决策过程。尽管两种方式各有利弊，重要的是，应征求公司全体员工的意见，使他们能够形成主人翁意识。这将有利于公司拥有明确且被广泛认同的目标，并作为一个具有凝聚力的团体向前发展。

160

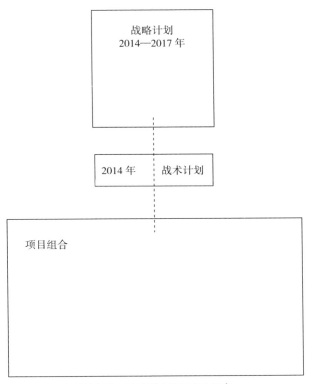

图8.3 战略计划及项目组合

◆ 目标说明。目标说明旨在将公司的方向（即发展目标）清晰、简洁地落于书面。有些目标说明是专为公司员工使用而设计的，另一些则被设计用于客户和员工阅读，即被设计成为公司营销策略的一部分。价值观的陈述是个好例子。只有当董事和员工清楚了解了公司的脉络和走向，分析了其特定的业务市场，讨论和认同了公司战略（即战略计划）之后，公司的使命才能付诸书面。目标说明必须切实可行、代表业主的价值观，并有用于实现使命的资源。

161

战略联盟与合资企业

扩展业务的途径之一是，与提供互补服务的公司结成战略联盟或合资企业。作为虚拟团队的一部分，协同合作已变得十分普遍，因为不同的专业服务公司集合在一起时，能够提供比其独立工作时更全面的服务。这意味着，个体从业者及小型建筑事务所能够像大公司一样去经营某些项目，而不受公司地点或规模的束缚。

对外承包

离岸外包具体的工作包因受益于廉价劳动力，已成为很多商业领域，尤其是服务领域的普遍做法。专业公司很快意识到，通过外包其非核心的服务，可以节约成本并提高机构的灵活性。这始于一些行政工作，但如今已发展涵盖大量的技术工作，如施工图的绘制。一些设计部门长期外包其工作的某些部分，如将具体的细部设计要求外包给已形成非正式合作关系的顾问。将工作包外包给他人可以形成管理设计机构的一种有效方法。有些设计事务所开始专注于设计和信息管理，即，由他们进行概念设计，但将生产项目文档的任务外包给各类不同的专家，包括：技术导向的专业设计机构、专业分包商和供应商。虽然这个选择可能比在设计室完成这些工作更便宜，但必须谨慎对待这些工作的质量。这意味着，需要在发展与服务供应商的关系方面投入时间，检查他们的系统，接触其工作人员，以确保他们了解所服务的事务所的文化和气质。这种前期投资通常会被迅速收回。数字化外包的优点包括迅速有效地响应客户需求的能力。其缺点往往很少涉及技术问题，更多涉及文化问题及对设计价值观的共享。

风险与回报

162

公司的风险水平与回报水平（费用收入）之间必须保持平衡。一般来说，一个企业的成功与企业所有者愿意承担的风险成正比。因此，有必要意识到预期的风险水平，并在这些参数内设定公司的目标。新的服务及新的市场意味着风险的真正提高，但它们可能会带来高额的回报。试图根据风险总量来预测回报程度是一项挑战，这通常基于不完整的信息。很多尝试和测验技术（从可行性分析到情景规划）可用于风险预测。情景规划是个有用的方法，它考虑不同变量的可能结果，从乐观到悲观。风险管理技术可以帮助减少对业务的索赔风险。风险评估关系到每一位客户和每一个项目，是识别和降低潜在危害的另一有效方法。在极端情况下，这可能意味着公司会在与客户签订合同前退出项目。可以通过这些方法探讨公司应对变化的能力、公司技术的适用性以及客户对预期变化的反应。遗憾的是，越超前的预测，其准确性可能会越低。

市场分析

应定期评估公司面临的新机遇和新威胁。新机遇也许会很快出现，公司必须做出正确的回应。其他顾问对机构的市场份额构成持续威胁，并最终威胁到它的生存与利润。当公司收集到足够的信息后，可对自身的优势（S）、劣势（W）、机遇（O）和威胁（T）（简称

SWOT）进行分析。包括公司业主在内的很多人，都发现评估将受到经验的压力，但是，如果公司要发展，其所有成员必须准备从他们的集体经验中汲取知识并付之行动。评估可在多个不同的层面上进行：

- ◆ 评估整个公司和整个系统
- ◆ 特定业务策略的评价
- ◆ 评估项目（和客户）
- ◆ 员工绩效评价

163

评估应与公司的规模和发展阶段相适应。评估的时间需要仔细推敲；一些公司可能感觉应按月进行，一些则按季度或按年度进行。此外，它还取决于公司的规模和年龄。

- ◆ 评估是昂贵的，因为有效的评价需要花费时间。这个过程应尽可能简单；一系列冗长的文件，很少有人有时间或有兴趣去拜读，这可能会对员工的士气产生负面影响。
- ◆ 数据是过往的，应被用于积极的方式来塑造公司未来的发展方向。
- ◆ 对所有员工来说，必须有一个有效和有意义的反馈系统。
- ◆ 采取行动。不要将难做的决策推迟到下一次评估；直接切入才是唯一的解决办法。

市场分析将涉及对公司目前经营的市场（及将来可能进入的市场）的分析，即"外部分析"。考核公司自身的优势和劣势构成"内部分析"。此信息可传递给基准测试活动。

外部分析

市场分析应定期进行，如每 4 至 6 个月一次。市场会不断变化，竞争对手也会试图获得优势，并提高其市场份额。竞争对手每天都在开张或关闭自己的事务所，重塑自己并提供新的服务；如果不对形势加以监测，公司可能会轻易错失良机，或者，更糟的是，因新的（意料之外的）竞争使自己陷入困境。"预判"是一项重要的商业技能。市场的外部分析需要考虑以下方面：

- ◆ 经济和政治环境。政府政策、政府在立法上的投入及变革，如经济增长和利率，都将影响建设活动。
- ◆ 社会和技术环境。社会变革可能会导致对某些建筑类型的需求，同时，技术的变革也许会带来新的建筑产品。

164

- ◆ 服务市场。服务市场与建筑类型及服务提供有关。应根据客户行为和特点（即细分市场）谨慎监测市场的增长和萎缩。大部分信息可从国家级报纸、专业期刊及专业机构 [如英国皇家建筑师学会（RIBA）和皇家特许测量师学会（RICS）] 获取。然而，与客户需求相关的信息若不通过与客户的直接对话将很难评估。
- ◆ 竞争。竞争将来自建筑业及其他行业。必须考虑它们的优势和劣势。

内部分析

伴随市场评估的同时，应仔细审核公司的能力、客户关系和机会。定期分析员工的长处和短处，以确定通过进一步的培训和教育来加强的领域。分析营销活动和客户满意度有助于识别需要巩固的领域。公司的建设将以其集体经验为基础，并且，定期评价它的成功和失败（优势和劣势），与评价其服务市场一样重要。客户也会以相似的方式看待公司，因此，识别和管理公司给予外人的形象十分重要。

性能标准和标杆学习

不论采取何种策略以满足和预判市场力量，公司的成功都将取决于提供给客户的服务的一致性。客户希望他们的顾问能兑现承诺。专业服务公司必须在多个关键领域表现出色。将有若干与每位客户相关的"基本交付要素"。辜负客户期望也许会引发问题并导致损失未来业务。基本交付要素包括：

◆ 提供服务的敏感度和质量

◆ 设计的质量

◆ 竣工建筑的质量

◆ 成本的可靠性

◆ 时间的可靠性

标杆管理是一种基于比较的管理工具，可用来帮助机构获得竞争优势。人们非常重视标杆活动的价值，不太重视以有意义的方式进行标杆活动所需的时间和资源。标杆管理的倡导者宣称，真正衡量公司绩效的标准只有以下三种：

◆ 内部标杆。公司需要考核其工作方法，并做出必要的改进。对建筑公司来说，内部标杆可以被诠释为：不同项目间的对比，即，基于员工工作时间对营利能力的影响分析进行的定量比较。这是最容易执行的，因为在公司系统内能够方便地获取信息。但是，使董事和员工互相妥协往往也是最困难的问题。

◆ 竞争标杆。公司需要正视所处的行业，学习他人的成功案例。这方面的标杆涉及建筑公司与在建筑行业经营的其他咨询公司间的对比。若能获得那方面的准确信息，公司就能将自己的绩效与其他服务供应商进行比较了。需要注意的是，应与规模和市场定位相似的公司进行比较。

◆ 通用标杆。公司必须放眼自己的市场领域以外，学习其他行业的成功经验。尽管标杆管理方面的文献将"通用标杆"定义为"不论行业背景的业务进程间的比较"，建筑公司从基于大量和重复性生产的制造过程中借鉴经验时，仍需格外谨慎。建筑师应当考虑看看是否可以向其他顾问（如会计和广告）学点什么。例如，广告公司划分工作以最大限度发挥个人天赋的方法，也许适合某些建筑企业。通过定期进行标杆管理，企业可以很好地拓大知识基础，并找到不同的工作方法。

166

业务增长

随着时间的推移，从开始到生存，再到（希望的）成功，大多数设计机构将经过若干不同的发展阶段。这些阶段相对可以预测，往往源于为响应客户需求而不断增长的设计实践，而非任何具体的经营策略。起步阶段面临的挑战是，要获得足够多的进入事务所的客户和项目，以确保财务上的可行性；主要关心的是，留住企业并建立良好声誉。这是一个非常困难的阶段，很多企业未能度过。生存阶段被描述为一个"设计所工作充足，可解决财务问题并实现业务增长的时期"。企业可能会增加员工人数以应对日益增加的工作量，同时，取得更大成功的压力也会持续增加。某些事务所会蓄意保持较小规模，试图平衡设计所的资源和工作流量。第三阶段，迈向成功：公司已在市场上证明自己，并在规模和复杂度上得到提升。失败的可能性会存在于企业的整个生命中，无论其是否处于发展阶段。有些公司未能度过起步阶段，另一些则可能陷入生存阶段，从未达到成功的第三阶段。

有些建筑师满足于经营非常小的项目，无意提高设计室的能力。另一些则可能从小处着手，试图随着工作量的增加而建设更大的设计所。无论业主和员工的愿望如何，知道企业在市场中的定位及其走向是成功的关键。因不断增长的市场渗透而提供新服务的策略通常被认为是最安全的选择，它可以实现多样性，并往往带有很高的风险，因为新技术必须开发并传达给潜在客户。主要有四种策略：

◆ 为现有（熟悉的）市场提供现有（熟悉的）服务。该策略很少涉及变更的方法。
◆ 将现有（熟悉的）服务扩展至新的（陌生）市场。该策略将依赖于有效的营销活动，以提高对新市场的认识。
◆ 向现有（熟悉的）市场引入新的（不熟悉的）服务。这将依赖于与现有客户群的人际关系，因此较少强调市场营销。

167

◆ 为新的（不熟悉的）市场引入新的（不熟悉的）服务。就建立存在条件而言，这是四种策略中最具挑战性的，它需要可观的市场投入。

事务所到项目的接口

建筑企业的生存和繁荣依靠稳定的项目流动。每个项目在管理良好时都是创收的活动，但缺乏计划时则会变成亏本的生意。在这种多项目环境中，每个项目对事务所的资源都有特别要求。同样，每个项目都将通过与客户和其他项目参与者的互动来影响公司文化。客户和项目对公司文化的适应性，对项目的成功和事务所的盈利具有重要意义。无法协调一致，通常会因不必要的返工导致项目的亏损及设计室的困难。

　　经营策略将影响事务所的客户类型及专长的建筑类型，也将影响企业的营利能力，并在一定程度上影响个别项目的组成和交付。那些常常抱怨项目太难且无利可图，或抱怨项目困难重重的设计室，首先需重新检验自己的经营策略。这涉及客户与项目的价值观和企业价值观之间的契合度；契合度越高，各方满意度就越高。当价值观的契合出现问题，且紧接着项目和公司之间也出现问题时，那就是重新评估经营策略的时候了。项目组合必须符合设计室和企业规划的集体价值，否则，公司不可能盈利。在一段时间内，事务所和各种项目之间的互动将影响事务所的文化，并有利于丰富经营策略。有些事务所变化不大；有些则在获得新的商业机遇时转型为完全不同的机构。

第 9 章　管理创意人才

优秀人才是设计机构的首要资产，也是最昂贵的资源。根据规模和结构，人员开支也许将占企业总运营成本的 50%—80%。在计算成本时，65% 是一个有用的指导性数字。将具有互补技术和能力的人组合起来并保持合作，是专业服务公司的基本关注点。一旦组合，必须有效部署设计室的所有成员，以确保经济效益并促使其不断改进工作方法。未能实现这些目标，将阻碍企业的发展和营利能力。必须谨慎管理集体知识和综合技能，以最大限度地发挥设计室的潜力，同时关注员工的福祉。员工个人知识、技能和经验的组合，给公司带来了独特的文化，其互动的方式将直接影响企业提供的服务质量。在设计室内，设计经理有两个互补功能。首先是积极管理员工，确保战略性地规划工作，以最大限度地利用现有资源，并确保工作流尽可能少地被中断。其次是日常的（经营）管理，设计经理需应对意想不到的挑战；提供领导和支持，以迅速解决问题，从而保持工作顺畅。

获取正确的平衡

专业服务公司的最大特点是，它仅仅拥有人员资产，并依靠其来经营，这使企业很难用经济价值来衡量。集合并维持专职员工，是公司在市场上获取成功的关键，需要定期评估和调整员工的技术和能力，以保持公司的竞争力。知识密集型公司更是如此，若想提供高质量的服务，适当地筛选、培训和发展员工必不可少。设计经理必须参与员工选拔和员工发展计划，因为这些决定了公司的文化，进而影响公司的效率和利润。一家管理良好的专业服务公司将利用各种相互依存、互为补充的智力资本。这主要是人力资本和系统资本，即：协同与集成的团队合作的资本（图 9.1），尽管对项目导向型企业来说，客户资本也是至关重要的组成部分。

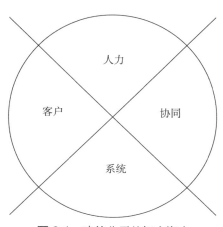

图 9.1　建筑公司的智力资本

- ◆ 人力资本包括存在于人类大脑中的知识和才能。建筑企业极度依赖它们的人力资本。这种类型的资本，在清晨进入并于晚上离开办公室，或在 ICT 系统上登录和注销。公司并不拥有人力资本，而是通过为每周约定的工

170 作时间支付工资来租用的。人力资本变化无常，有时并不可靠。人力资本的管理必须在尊重个人的前提下进行，否则，这个宝贵资源极有可能转向另一雇主，同时带走重要的知识和关系。

♦ 系统资本包含在公司流程和记录于数据库中的过往项目中。系统资本随着工作方法和程序的调整而变化，以反映公司的经验。公司纳入其系统的知识越多，对人力资本的依赖就越少（至少在理论上）。质量管理体系是系统资本的一个范例，信息通信技术（ICTs）提供了通过内网技术和数据挖掘技术建立系统资本的工具。知识资本则被编撰于标准详图、总规格说明和 BIM 中。

♦ 顾客（客户）资本体现了企业与客户关系的价值。这是共享的知识，不属于任何一方。客户类型及其与设计室的互动频率不可预知。

♦ 协同资本是合作机构间的共享知识。它来源于为了实现项目目标而工作的个体间的互动。这种知识主要属项目专有，除非企业在战略伙伴关系和战略联盟内工作。这是共享的知识，其中大部分深植于项目进程及项目参与者的头脑内的。

一支均衡的队伍

设计机构不断调整其规模和重点，以应对外部压力，它们往往在逆境中重塑自我，并随着服务需求量的波动而扩大或收缩。把设计机构写成"稳定的机构"具有误导性，因为它需要一定的灵活性。建筑公司是为了实现其目标（更重要的，是为了生存和繁荣）而相互合作的人的集合。这些社会体系很不稳定，但往往非常忙碌、充满活力和高度适应，以满足不同客户的需求。为了竞争，必须在稳定性和适应性之间取得平衡。在任何设计室内都存在办公室需求和个别项目需求间的持续张力。设计师和管理者的需求之间也存在相当

171 大的摩擦，所以，必须在创造性和破坏力之间找到平衡。设计管理可以被看作是一种手段，有助于让事物融合在一起，并允许有轻微的摩擦和晃动，同时，给个人留出实现其创造潜力的空间。

一支均衡的队伍将包括一定数量的具有不同教育背景和多种技能并借鉴机构综合知识的人才。作为一般标准，设计室应包括具有不同能力的人，通常被称为发现者、管理者和操作者（图 9.2）。

♦ 发现者是走出去从客户处获得业务的人。他们通常是公司的合伙人和董事，并会得到设计室其他高级成员的支持。

♦ 管理者是照看项目发展直至圆满完成的人。与那些负责管理个别项目的人一样，设计经理也是一个管理者。

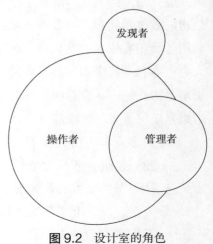

图 9.2 设计室的角色

◆ 操作者是那些做工作的人，如建筑师、技师及承担项目详细设计的技术人员，以及与之配套的行政和文秘人员。

员工能力

建筑企业往往混合了不同的专业人士，以适应其市场定位及其客户组合的需要。有些公司只雇用建筑师，其中一些以设计为主导，或者，以技术为主导，还有一些则具有管理才能。有些公司则可能包含建筑师、建筑技术员和CAD（计算机辅助设计）技术员，有时还辅以项目管理和造价咨询。独立执业者往往在设计、技术和管理方面具有全面技能，并雇用额外的劳力来满足个别项目的要求。

具有竞争力的设计机构需要具有不同技能的专业人士，在专业管理的设计室内，朝着共同的目标努力。与正确的平衡相关的是，良好的招聘决策，以及在所有岗位和级别上保留住有才干和积极性的员工的能力。从财务角度来看，员工的营利能力的平衡也很重要（参见第12章）。秘书、行政人员和高级经理的个人助理也对保持企业的正常运转起着至关重要的作用。帮助员工和设计师紧密配合的能力将使员工的效用产生很大差异。

均衡的专业人士（图9.3）是个"人事难题"，因为我们大多数人会有一、两项专长，其他方面则处于劣势。因此，在设计室内平衡设计、技术和管理的技能，需要集合具有不同才能的个人，彼此平衡和互补。将这些人进行不同的组合，会使公司在某一特定领域（如设计或管理）产生偏向。这种偏向应反映公司的市场定位。

图9.3 均衡的专业人士

公司文化

每个公司都是独一无二的，其特点来自构成其劳动力的个人及控制和管理其集体人才的组织结构。文化体现于公司成员（董事、专业人员和辅助人员的集体价值观）和公司外部各方（多个客户、范围广泛的顾问及设备和基础设施的供应商的价值观）间的互动中，如图9.4所示。公司文化将影响其成员的沟通方式及决策方式。对公司过去、现在和未来的看法将影响公司文化氛围的发展。优秀的机构重视行动，并密切联系其客户；他们强调企业家精神和人的生产力，并有一套人工管理方法。成功的机构还倾向于坚持他们所擅长的（核心业务）；拥有基于小型工作组的简单、精益的员工水平，以改善沟通；同时表现出"轻松、紧张的特质"，既有足够的自由，以鼓励创新，又足够严格，以确保一致的服务水平。

公司文化是通过互动和交流发展起来的，如图9.5所示，其中有三个主要因素——客户、企业及个人的价值观（和需求）。这三个因素的互动方式将影响企业的文化和效率。积极的文化有助于促进公司的发展，创造令人兴奋的工作场所。反之，消极文化的发展可能对企业不利。人们在建筑事务所中处理事务的方式，与公司结构及管理者的个性和人际交往能力有关。有大量传闻证据显示，在一些建筑事务所内，员工待遇恶劣，过长的工作时间只有很少的回报。这类事务所通常会遇到人员流动和招聘问题。

174

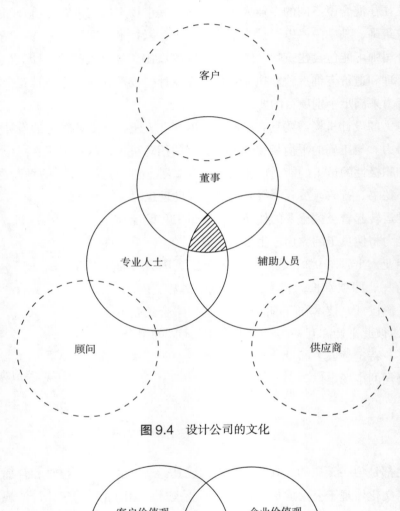

图 9.4　设计公司的文化

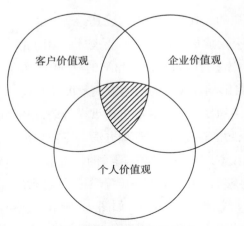

图 9.5　设计公司的价值观

那些能够激励和公平奖励员工的人正在致力于建立一个健康和有竞争力的企业。专业 175
人士的"参与"和承诺程度,以及顾问团和个人对设计质量的控制,关系到生产力和质量。
动机的两个核心要素是内在回报和外在回报。内在回报基于个人信仰和价值观的实现,相
当虚幻。它包括个人专业发展、认可、成就和享受。外在回报则比较明显,因为它以经济
回报为基础,其中包括工资、养老金、带薪休假的权利、工作保障、工作条件和地位。理
想的薪金、福利、奖金和利润分成非常重要,但首先要获得公司内部的地位、对工作能力
的认可以及专业同行的认可。当涉及优于预期的绩效时,经济回报是最有效的;因此,在
项目盈利的基础上支付奖金,可以特别有效地加强合作和提高效率。奖励也可以是由建筑
公司支付费用的社会活动或几天的外出活动。

高级经理对其员工的期望必须实事求是,并建立在尊重员工身心健康的水平上。期望
必须通过定期的反馈、正式的员工评审及相关的支持活动告知员工。同样,员工对其设计
经理和公司高层经理的期望也同样重要。员工期望有强有力的领导及明确的沟通和授权,
也就是说,他们需要得到其经理的承诺。在很多专业机构内存在员工士气和动机方面的问
题,董事期望和员工期望间明显地不相匹配,这通常是两者沟通失败的直接后果,并在很
多情况下,他们还未能发展互信。

心理健康

心理健康与个人对工作满意度的感知、工作的心理和生理需求,以及工作和个人环境
所提供的"工作/生活平衡度"有关。如果雇员对自己的薪水不满意,不得不长时间工作
还毫无弹性,身心倦怠,工作压力大,被老板低估,他们很可能会寻求另一份工作。其中
有些因素可能受个人与其同事的关系,以及与当时的办公室文化的兼容性的影响。其他因 176
素可能直接或间接受业务管理的方式及个人工作量的分配的影响。

人们越来越多地意识并关注到员工的心理健康。这种趋势体现于经济的各个领域,
从制造业到服务业,关于压力和倦怠的报告在研究中占比很大。迅速变化的条件、在较
短时间内完成更多工作的要求,以及日益增长的工作不安全感是促成这一现象的因素。
管理不善也是原因之一。越来越多来自施工现场、工程师和建筑师事务所的研究,促使
人们日益关注员工所承受的压力水平以及不断上升的职业倦怠的发生率。类似的观察,
也可用于专业服务公司的很多辅助人员、合伙人及董事。管理者和个人的目标都是实现
工作/生活的良好平衡(这将因人而异)。这能使员工保持快乐,避免倦怠和压力的负面
影响。

- ◆ 倦怠。过久地长时间工作会令人疲惫,且不能有效工作。过度工作导致的精神衰
  竭称为倦怠。倦怠会对绩效产生负面影响,因为任务变得越来越难以按时实现,
  可能会给人造成压力。敏感的工作计划(以及定期的工作量监测)容许有一定的

空间，让人们可以从事比较安静、要求不高或更具反思的活动，可以帮助平衡高度紧张的时间（这是不可避免的）并让人们得到恢复。在一个项目结束和另一个项目开始前留出 CPD（继续专业发展）的时间，也是缓解倦怠和减轻压力的有效途径。

◆ 压力。当个人被赋予了超出其专业领域的任务、没有相应的决策权，或被期望在可利用的时间内交付更多的任务时，他们很可能会遇到一些压力。他们的项目经理对他们的期望的不确定性也会造成压力。虽然日常工作存在一定的不确定性可以预料，较高的压力水平可能导致心理和生理的问题。通过办公室内公开、清晰的沟通及良好的管理实践，可以轻易地减轻压力。这包括建立明确的角色和职责，以及设计经理的支持。

177

倦怠和压力并没有必然联系，尽管两者都标志着：存在管理问题，且高级经理必须采取行动以缓解这两种现象。体能和认知行为间存在着某种联系；一个常被忽略的特点是，在电脑前、书桌旁或会议中久坐不动的生活方式对我们的健康不利。重要的是，员工应经常休息和定期锻炼。

建筑是一个高压环境，但这并不意味着工作必然是紧张的，也不意味着工作人员应该持续承受不切实际的最后期限及不合理的工作要求，这会使他们身心俱疲。所有企业必须采取措施，提供一个积极健康的工作环境，良好的管理和管理体系将对员工（无论其地位和职能）的身心健康作出积极贡献。切实可行地给个人分配工作的计划是设计经理的责任。在确认计划前与个人商讨工作量是个好办法，这有助于培养个人对工作的归属感，也有助于减少不确定性。当事情出错时，高级管理人员往往倾向于责备员工。这多少有些不公平，原因很多。机构应雇用称职的员工，然后按照他们的经验和知识水平分配适当的任务。如果他们缺乏经验，就应受到严密监督和指导。管理良好的建筑企业作为一个具有共同责任和高度信任的团队来运作，共同分担工作质量和企业整体健康的责任。

对很多专业人士来说，工作与生活的界限模糊不清；这是专业人士的特点之一。很少有专业人士只在标准的办公时间工作，他们会在晚上和周末继续思考项目和设计解决方案。家庭与工作之间的平衡，即"工作/生活平衡度"，必须在办公室工作量的整体规划和资源配置中加以考虑。即使在资源和管理最好的设计室内，也会出现要求员工加班以到达项目里程碑的情况。这是专业工作的一个特点，并且，倘若这不是经常发生，且有一些折中办法（替休时间或加班费）的话，大多数专业人员都乐于这样做。通常，计划允许工作时间保留一定的灵活性，以弥补工作流程中临时和意外的变动。当员工被要求定期加班工作，或感觉在无言的压力下被迫工作比雇佣合约规定更长的时间，这是办公室管理不善的迹象，且势必造成员工的大量流动。鉴于专业工作的性质，很多专业人士发现在下班后很难"关机"。通常这不是一个问题，但在某些情况下，可能会影响个人的家庭生活，反过来又可能对绩效产生不利影响。

178

招聘和留用

所有机构都会经历规模波动、方向改变和人员变动。其中有些变化反映了机构战略计划所设定的增值变化，如，扩张到某个新的市场领域。有些变化可能在意料之外，如，失去一个客户和一个有价值的收入来源，或相反获得一个意想不到的大佣金。客户组合的波动应反映在员工能力和数量的变化中。员工可能因种种原因加入或离开事务所。通常，跳槽至另一家公司的主要原因是，为了增加工资或提升职位。其他原因可能涉及工作满意度低，或与工作无关的个人原因。必须尽力管理人员在短期内或较长时期内的进出。要做到这一点，需要了解员工离职、招聘、新员工整合及办公环境。

员工离职

员工离职通常被视为一个问题，而不是一个改变的机会。个中原因一目了然。这不仅流失了有价值的员工，还将来之不易的知识给予了他人（通常是竞争对手），且需尽快找到合适的替任者，以免中断计划中的工作。空缺可能需要广而告之，并由设计室的资深成员花时间筛选申请、面试入围者、选择合适的人员并签订合约（薪金及上任日期）。一旦被任命，设计室的新成员必须尽快融入公司的机构文化（如下所述）。这对相关各方来说，都是一个昂贵、漫长且充满压力的过程，因为无法确保新人"适应"办公室文化。参考前雇主的意见及面试时的表现可能会被误导，因为我们很多人都发现将为此付出代价，因此有必要设定新员工的试用期（通常为3个月，更高级的职务时间更长）。如果新员工不能在试用期内与现有流程和同事有效配合，必须迅速解决该问题。如果任命未生效，那就是离开公司并重新开始的时候了。

机构的竞争力将受到短期和永久的人事变动的影响。在经济繁荣时期，好员工会被竞争对手挖走，他们可能会因跳槽而增加工资和得到晋升。在经济不景气时，员工更愿意留任（除非被裁员），部分是因为跳槽机会较少，部分则因为担心工作保障问题。通过良好的管理、激励和奖励、培训及公司成员间的有效沟通，可以控制员工的离职。让每个人都知道将要面临的威胁和机遇是为所有员工减少不确定性的方式之一。高人事变更率通常是管理不善的公司的一个很好的指标。

尽管大多数人事变动是因个人引发（常常出乎其管理者的预料），有时管理者需要为了企业利益而变更人员，即：使人员富余或解雇他们。每个人都必须承认，随着时间的推移，机构会发生变化，有些人可能会发现，由于种种原因，他们不再适合原来的机构。有些人可能会主动辞职，寻找更合适的工作；而其他人可能会被解雇。管理者唯一真正的社会责任是追求自身及其公司的经济利益。虽然有些设计机构的确如此，但另一些公司常常为了对员工负更大的道德责任而搁置棘手的决议，因为他们关心其员工的福祉。这是一个令人钦佩的决策，但有时会让公司付出代价，所以应谨慎对待以免公司受损。一家专业服务公司（尤其是中小型公司）的实力取决于其实力最弱的员工。与不称职的员工共事，对设计室其他成员来说，是不公平的，这往往会影响他们的积极性，从而导致公司整体实力的下滑。应首先甄别和认识问题，再与员工探讨和发现解决问题的方案。要努力调整职责，强化机构价值观，关注低效员工。如果不见成效，就必须解雇他们。在现行的就业立法精神中，要求采用严厉、公平和开放的政策。

应该看到员工从一个企业流动到另一个企业的积极作用。跳槽为个人提供了获得新经验及发展事业的机会，同时也给他们的新环境带来了新知识。员工变动还提供了重新定义角色及调整技能和知识的机会，以便更好地适应企业的战略发展。适度的员工流动有助于防止公司老化，并保持竞争优势。

招聘

招聘政策关系到公司的发展和壮大，无论是因企业扩张招聘新员工，还是替换已决定升迁的员工。设计公司争取员工的方式和其争取客户的方式一样，公司在工作场所及服务质量方面的声誉将影响其对应聘者的吸引力。

人员应考虑战略计划中所设定的企业未来发展趋势。聘用员工不应作为对失去价值的雇员的一种本能反应。在招聘信息发布前，应根据公司的战略计划认真考虑入职人员的工作职能。空缺是一个加强设计室能力的机会。企业的长期需要得到解决后，可在办公室招聘临时员工。掌握新技术和新方法的新员工可以促进公司的积极发展。在招聘开始前，公司董事应就其希望的人员素质达成一致，同样重要的是，应与那些即将和新员工日常接触的员工商讨相关事项。新员工可能会被现有员工视为威胁，因此，有必要让每个员工了解相关事项，以限制任何负面情绪；优秀的设计经理将在招聘信息发布前与现有员工商讨相关事项。

面试是一个观察哪些入围候选人最适合办公室环境的机会。非正式的气氛通常有助于开放的讨论和相互价值的探索。在面试前后与其他工作人员和设计经理进行非正式的讨论，对所有各方都有利。

灵活的劳动力资源

临时工是很多企业计划的重要组成部分，因为他们能带来很强的灵活性，可使公司快速有效地应对不断变化的市场需求。根据国家的雇佣法，设计机构的临时工通常主要有三个来源：

◆ 劳务代理机构的员工。这些人可以在（且仅在）需要时被签约。这是一个宝贵又昂贵的资源，用于应付短期内增长的工作量，或提供设计室内无法获得的专业技能和知识。可以利用专门的劳务代理机构，但很多小型事务所依靠其他小公司和独立执业者偶尔的帮助，其费用往往低于代理机构。

◆ 学生。很多建筑事务所为学生提供获取宝贵的实践经验的机会。在规定的期限（即12个月）将学生"全年"安排在机构内。虽然他们可能是比代理机构员工或外包工作更便宜的一个选择，但他们缺乏经验，将对设计经理或他们的设计室导师提出更高的要求。

◆ 外包工作。将工作外包给其他机构可以在高需求时期提供帮助，也可以帮助解决特定技能方面的不足。

灵活性的反面就是缺少一致性，这可能导致无效的沟通及不平衡的团队组合，即使是在有效的管理系统到位的情况下。

临时工往往对公司缺乏具体的了解，也就是说，他们不知道公司的经营方式，与永久雇员相比，他们需要得到设计经理更大程度的管理支持。不能期望代理机构员工对机构有承诺，因为他们只是在那里做一份工作。同样，不能期望外包工作的供应商了解或分享机构的文化，除非有某种形式的长期关系。

新员工整合

顺利整合进入设计室的新人对公司的有效运作至关重要。了解公司常规和流程的过程被描述为"文化的社会化过程"，应由设计经理来管理。新人会给公司带来新的希望和经验，公司将根据他们的实际经验对其进行评估，他们应转而适应（而非采纳）公司的文化规范。新人快速适应设计室文化的能力对保持公司的凝聚力及其在市场上的持续成功至关重要。新员工需要花费大量精力去习惯在这陌生的文化中如何做事、如何管理工作以及如何适应办公室内现有的社会结构，这无论对新成员还是公司现有成员来说，都是一个充满挑战和压力的时刻。在最初的日子，设计经理必须给新人提供帮助，并为其分配工作以适应社交活动。

设计室新成员越快熟悉其新同事及办公流程，对整个机构就越有利。不及时提供相关信息和指导，会使新成员难以认同设计室文化。万一出现这种情况，新人将花更多时间去熟悉和认同机构文化，并对整体绩效产生负面影响。在某些情况下，这会导致新成员的疏远及现有成员的怨恨。有些简单、有效的促进整合的办法，应将它们清楚地列明在质量手册中，并与机构新成员进行商讨。它们是：

◆ 在新员工加入公司前，通过正式的周会及对岗位职责和工作量的讨论告知现有员工，有助于消除现有员工因陌生新人的到来而感到的威胁。

◆ 指派经验丰富的员工在新成员初来的前三个月里监管他们，提供非正式的建议。这就是所谓的"结伴制"。

◆ 通过正式的迎新活动，提供在办公室管理程序、质量认证（QA）系统及健康和安全程序中的培训。

◆ 持续上岗培训的记录。

◆ 试用期结束后进行绩效考核。设定一个日期并坚持下去，以免不确定性。考核结束时必须在三种决策中取其一：（1）通过一份长期合同确认其就业；（2）延长试用期（仅仅在有理由这么做时）；（3）终止合同。

新老员工间的人际交往是将新成员引入公司文化规范的重要途径。它是通过正式的工作指导及非正式的讲述故事和传说来进行的。

新员工上班伊始，就投入一定的时间对其进行整合，使其适应正规的社会控制，可提高其效率。让他们坐在办公桌前阅读公司手册，或给他们布置大量限期完成的紧急任务是没有用的。最初的几周应该被视为重要的培训阶段，这不仅对新员工，而且对老员工也是如此。必须分配好时间，使公司所有成员都可以参与该整合过程，因为不让新员工疏远老员工同样重要；同时，应公开、明确地分配团队成员的责任及岗位。应该帮助公司的新成员逐渐适应其新岗位。一种在小型公司应用得非常好的技术是，从第一周就对员工实行考评制度。新员工被要求根据所需技能评估自己的能力，并同意在其最初的三个月（通常是试用期）内实现他们所希望的三个目标。在三个月试用期满后再对其进行评估。

184 很少有建筑事务所有足够的规模去聘用人事经理，所以这项工作通常由设计经理或公司内经验丰富的员工来承担。该工作是员工的额外工作，且必须花费一定的时间——但也是一个能迅速得到回报的投资。如果新员工能迅速、顺利地融入工作，他们会较快地表现出较好的工作状态，就工作满意度而言，这对公司和员工都有益。即使他们在两年后决定跳槽至另一家公司，在那段时间他们也是团队生产力不可或缺的一部分。

工作环境

尽管建筑师普遍都是独立从业者，但大部分设计师都与他人共享一个办公空间或网络空间。不久之前，开办和经营一家建筑事务所相对简单。找一个合适的办公场地，并在门上挂块铜牌就可宣告公司的成立。现在，信息与通信技术（ICTs）为有效、灵活的远程工作提供了机会。很多公司利用了这项技术，允许员工在家或建筑工地工作，给员工提供了更大的灵活性，同时也节省了办公空间和管理费用。这往往会带来办公空间在大小、功能及位置方面的问题。信息与通信技术也使个人可以作为网络团队的一分子，从远程站点"虚拟的办公室"来工作，也许只需参加设计审查等会议即可。但是，方案设计时需要面对面的沟通，这可以通过在必要时租用办公场所或维持一个小面积的建筑工作室来达成。主要关注的是客户。很多客户仍然喜欢亲自拜访设计室并会见一些为其项目工作的人。因此需要存在一定形式的办公场所。对那些多数员工是远程工作的机构来说，一间位置良好、便于客户访问且可作为事务所作品"展厅"的办公室已经足够。

远程工作有利有弊。对大多数专业设计公司来说，远程工作的原理应该是熟悉的，它们会在繁忙时借助外部顾问的帮助，或为特定工作增聘特定的人才。这些灵活的工作者往往在公司办公室以外的地方工作，不是在他们自己的办公室，就是在家里。然而，有很多人喜欢同在一个办公室里工作所获得的社交互动；不知何故，通过电话或电子邮件交流，无法满足他们与他人相处的愿望。越来越多的证据表明，在家工作的人容易感到孤单，并且在升职时更容易被忽视——"眼不见，心不烦"。在家工作并不适合所有员工，很容易被分心，如宠物和孩子。另一个问题是，工作量过大会导致疲劳，并且会被认为应该做得更多点（从而导致压力）。

在家工作自由且有报酬。事实上，大多数在家工作的人往往会过度工作，可能会感到被孤立，因为他们不出现在办公室，可能受到社会的排斥。设计经理必须意识到其中的利弊，与每位员工讨论他们的工作喜好，持续监管和评估其表现，并对工作业务作出相应调整。工作质量必须与办公室标准保持一致。目前的观点是，办公室的互动（人际交往）和远程工作相结合，对所有相关人士来说是最恰当的选择，两者间的平衡是一件私事。对公司老板来说，主要关注的是信任（对工作的投入程度）、工作质量（难以远距离监控）及交付（是否按时）。可以有效采用远程办公。如果可以落实恰当的管理体系，利用现有的技术，就有机会节省租用或购买房间的面积，从而减少开支。所以，可节省大量容纳员工的空间及费用。另一个好处是，增加了公司成员的灵活性；更快乐的员工等同于更好的工作质量和对公司更坚定的承诺。

技能发展

专业人士有责任与迅速增长和更新的知识保持同步；仅凭经验的专业知识是不够的。从业者必须根据当前信息不断验证自己的知识，即，他们必须致力于终身学习。知识与实践被淘汰的时间往往比我们预想的要快，为了能继续留在企业，有必要对专业发展做一定形式的规划，并使之成为我们日常活动的必要部分。使用"专业发展计划"需深思熟虑，因为在策划持续专业发展计划前必须认清个人及机构的需要。需要提高和改进之处可由公司管理层通过员工年度考核，或由个人通过对其日常工作的反思来识别。员工在其职业生涯的专业发展之所以重要，是因为：

◆ 它有助于保证员工了解最新发展，并与其专业领域的流行信息和实践保持同步。
◆ 它有助于员工拓展新的专业领域（这样才能使员工保持快乐和动力）。
◆ 它有助于保持设计室的知识更新，并使企业更具竞争力。从而有可能减少（因大意带来的）错误。
◆ 这是客户的需求（他们希望确保其委托胜任该工作的专业人士）。
◆ 它是专业团体延续其会员资格的需要。

知识的获取及新技能的发展可使员工保持快乐，并有助于设计事务所通过集体发展保持竞争优势。

职业发展

社会变得更加流动，很少有人期望整个职业生涯从事同一项工作或留任于同一家公司。有些人乐于相对轻松地看待自己的事业，应对随时出现的挑战，但大多数人试图打理自己的事业。这意味着，要为事业发展设定目标，并与家庭生活相平衡。一份个人简历有助于他人了解自己的能力、经验、长处和短处。这能够适应市场需要，以识别最有可能带来最大满意度的机会。

187

◆ 重点排序。重要事项需——列出。如薪水和津贴、工作的灵活性、与家庭生活的平衡度、专业地位、项目类型、办公位置距家的远近等。

◆ 正规资质。学历证书和专业技能等级是职业发展的坚实基础。这些通用的学术技能将在工作伊始用于适应工作，并在工作期间通过额外培训和教育得到发展。

◆ 可转换的技能。除设计技能外，还需要发展一些关键的可转换技能。这涉及沟通、组织能力、自我管理、团队合作和利用各种 ICT 技术工作的能力。

◆ 工作经验。列出曾经工作过的企业，以及取得的成就（有助于识别长处和短处）。

◆ 工作满意度。确定令个人满意的最大源泉。

◆ 个人态度。个人的特点和价值观非常重要。人格特质，如某人是内向还是外向，有序还是杂乱，心血来潮还是深思熟虑，都将影响其能否很好地适应特定的公司文化。个人的价值观也应符合公司的价值观。

持续专业发展（CPD）

大多数设计公司都知道奉献、积极、有抱负的员工对公司的价值。然而，其反面却是一种担心：有价值的员工可能会离开并带着他们的知识和技术跳槽到其竞争对手处。真正的专业人士意识到，专业发展永无止境；总要学习新的东西，体验和应对新的环境。尽管英国皇家建筑师学会（RIBA）直到 1993 年 1 月才决定参与会员的 CPD 义务，协助维护执业资格的价值和诚信，但其对 CPD 的关注却始于 1962 年。特许建筑师每年至少应进行 35 小时的 CPD 活动，制订个人发展计划，并记录所进行的活动。其他行业学会，如英国特

188 许建筑设计技术学会（CIAT）、英国皇家特许建造师（CIOB）、英国结构工程师学会（IStructE）和英国皇家特许测量师学会（RICS），也要求其会员追求 CPD，并保留各自机构所列的成绩纪录。

CPD 能帮助所有员工保持知识水平，并有助于增强公司的商业触觉。CPD 通过向从业者介绍新的管理技术，也可充当改革的中介。机构必须建立政策，以保持对全体员工（无论职位高低）的公平制度。精心设计、资源充分的员工发展计划不仅有助于保持现有员工的积极性，也将有助于吸引新员工。设计室成员个人的知识水平越高，机构的整体知识水平也越高，竞争力就越强。主要有如下四个步骤：

◆　确定 CPD 活动的范围及重点，以适应个人和企业的需求。

◆　协调个人的 CPD 活动，以适应其工作计划。

◆　评估个人的 CPD 活动，在办公室内讨论、传播，以帮助分享知识。

◆　在年度考核中评估 CPD 并商讨未来计划。

通过不断更新设计公司的集体能力，CPD 成为获得和保持公司竞争优势的关键之一。但也存在一个潜在的不利因素。必须将时间和金钱分配给（且公平地分配给）教育、培训和员工发展。建筑业的繁荣或萧条都会导致企业难以按先前约定的时间和财政预算完成 CPD。繁荣时期，虽有充足的资金，但因公司面临不断增长的工作量而无法提供充足的时间；经济低迷时，时间也许够用，但补贴 CPD 的财政成本可能受限。对很多在收费水平和利润率较低的环境下运作的小型设计公司来说，其分配给 CPD 的资源非常有限，有些公司希望其员工能分担教育和培训费用。CPD 的成本应计入公司的管理费，其时间应计入个人的工作计划。公司需要做到以下几点：

◆　提供年度预算，以支付员工教育和培训计划的费用。

◆　指派办公室人员监管 CPD 活动，做好记录，并在困难时期激励员工继续学习。　189

其目的是确保：

◆　CPD 活动有利于个人和机构。

◆　在年度员工考评时讨论个人及机构的需要。

◆　个人与同事分享自己的新知识和新技能。

求知欲应成为专业精神的一部分。提高自身工作绩效的压力、获得晋升的压力、对失业的担心，以及专业团体对 CPD 的要求，都是激发员工学习积极性的因素之一。对于有积极性的专业人士，设计经理无需做过多，只需在必要时提供一些非正式的支持。但是，即使最敬业的专业人士也会经历一些困难时期。这可能与他们的工作、公司文化或公司职权以外的个人背景有关，学习也许不是最重要的标准。员工业绩不佳时，设计经理应善于识别，并尽力提供帮助。

绩效考核

员工的绩效考核（员工考评）关系到激励和薪酬等问题。绩效考核应以员工与其经理间的正式会谈来进行。在大多数事务所，高级合伙人将执行审查，并最好与设计经理相配合。在大型事务所，该任务可能会指派给某个合伙人或负责人事的高级经理。与员工的会谈通常一年一次，并先于年度工资审核（这应是一个独立事件）。员工和经理都应考察的要点包括：

◆　工作质量。工作是否符合事务所和客户的期望？个人的优势、劣势是什么？能否有效利用和发挥其优势？能否通过教育培训或合理的工作分配克服其弱点？　190

◆　对团队及设计室士气的贡献。个人对设计室文化的影响？是否显示了领导才能？

对其他员工有积极、温和，还是消极的影响？设计室以外的人（即客户和项目团队主要成员）对其评价如何？

◆ 对公司营利能力的贡献。个人是否为公司带来了新业务或提出了节约开支的建议（如果有，应该怎样奖励）？

◆ 员工发展。从上次考核至今，个人掌握了哪些新技能？CPD 活动是否达到目标？

◆ 员工申诉。是否有关注或存疑的方面？问题的解决能否令双方都满意？

◆ 个人因素。是否存在影响（或有可能影响）绩效的个人 / 家庭因素？应怎样合理安排以适应个人和设计室的需要？

应留出充足的时间（至少 1 小时，最多 2 小时）来讨论，并将商定的内容记录在案。经理和员工应就未来 12 个月试图尽到的义务作出承诺。会谈必须在开放、积极的氛围下进行，以便一对一地诚实交换意见。实施得当，既有利于企业，也有利于个人。员工考核可以被视为（有时被用作）一种强化等级系统的工具；如果不具备一定的敏感度和常识，将会弄巧成拙。员工绩效考核面谈为纵向沟通提供了极好的机会，应在机构的健康评估前进行。通过定期的知识共享活动及项目评价获得的反馈也同样重要，但应与员工的个人考核相分离。无论是在某项工作完成时，还是在其生命周期的某个阶段结束时，进行项目特定的绩效考核都是恰当的。这既是员工个人考核的补充，也是设计审查的自然发展和延伸。

191 事务所到项目的接口

来自不同机构的个人间的互动构成了临时项目团队的社交网络。健康的项目需要敬业、热情、快乐的从业者，他们拥有互补的技能和经验。获得正确组合的人与组织，是项目经理关注的焦点。设计经理也将关注项目组合的智能资源及将任务分配给那些最称职的人。这将有助于在多个项目的需求和设计室资源之间保持健康的平衡。经理必须认识到，员工与其他地点或其他事务所的项目成员间的互动可能会影响个人的表现，既消极又积极。员工在不同层次和不同类型的组织和个人间进行清晰、有效沟通的能力是一项重要能力。

第 10 章　管理设计工作室

在刺激的环境中，在简单的管理框架和系统内工作的，有自主权、知识渊博、积极进取、资源良好的员工，是发展创造性建筑设计和交付高品质服务的基础。设计是建筑师事务所的核心业务，因此设计工作室的战略和日常管理是设计经理最关心的问题。创造刺激的物理和虚拟环境，使设计师可以在其中互动与合作，将促进创造性的办公室文化。

创意空间

了解设计师在设计室内的互动方式，对创造优秀建筑和提高建筑企业的盈利至关重要。通过观察和聆听设计师完成日常工作的情况及鼓励反馈，可以实施或调整管理框架，以协助设计师更好地胜任其工作。不了解在设计室工作的专业人士的需求，可能会对设计室的整体执行能力产生不利影响。同样，了解设计室内正在进行的相互独立的项目间的关系，能够极大地帮助设计工作的资源分配和工作协调。

在设计室工作的个人往往是非常敬业的专业人士，他们不断追求完美，并自我激励。设计经理的任务之一是，确保个人需求和组织支持之间的良好配合。这将有助于个人的自我管理，从而使设计经理的工作变得相当容易。除了要意识到工作场所中人的需求，激发有效的设计工作还有三条准则：

- ◆ 设计控制。个人对"他们的"设计项目的控制总量是一个情感问题。高度自治与工作中的归属感和自豪感有关，而控制力低则与个人感到无助和被低估有关。设计师所需的个人控制量与管理者施加的控制量之间的冲突并不少见。绝大多数建筑师都积极上进，喜欢以自己的方式行事，特别抵制过度管理。创意设计室内的其他专业人员，如建筑技师和技术人员，可能会多一点务实的做法，但他们也不喜欢严格的控制。因过多的管理干预而引发的控制缺失（潜在或真实的），可能导致员工的积极性降低。

- ◆ 机构支持。这与管理者的明确领导及合适的工作框架有关。相关问题包括：可避免猜测并作出明智决定的可用的设计信息，以及设计工作室汲取集体经验的能力。这涉及使用反馈的机会，以确保继续学习，并保证所有人被包括在内，且重要的是，不觉得被忽视。

- ◆ 建筑工作室的设计。这在有效的生产工作中发挥着作用。工作站及相关空间的布局可能取决于办公室的物理结构，且并非总是理想。然而，认识到设计师在工作时的互动需求，有助于布置工作室的空间。该空间需要：计算机工作站、展示和讨论设计、安静地学习、会议、制作和保存实物模型，以及存储文件和图纸等。项目的组织方式也有一定的作用，它要求布局具有一定的灵活性，使小型设计团队在特定项目上工作时相对靠近。设计师应能在项目上及跨项目一起合作，并且，非正式的沟通和分享知识的能力必不可少，以避免设计错误和浪费搜索信息的时间。

194

项目组合

欣赏每个项目的价值观及与其相关的风险，是有效的投资组合管理及企业盈利的基础。尽管聘请了有能力的专业人士，对设计项目来说，超过分配时间、运行超出预算，或未能提交预期结果的情况并不少见。虽然原因复杂，但比较常见的问题涉及设计室无法在项目组合中优先项目和管理资源，以适应项目需求。这需要了解每一个项目，以评估其对设计室的价值及与其相关的风险水平。需要努力判断新项目在项目组合中的定位。项目组合管理需要根据每个项目对设计室的感知价值做出一些艰难的决策。这有时意味着要对客户说"不"，因为在设计室现有能力范围内无法完成该项目。这也意味着，可能需要重新调配优先项目，以适应更高价值的项目。投资组合管理要求根据项目对设计室的价值（财务价值、声誉等）及其所代表的风险，对所有项目进行优先排序。这部分涉及客户特点及项目特点。一个容纳所有项目的数据库将极大地帮助设计经理给个别项目分配资源，但这必须与企业的战略规划及对各类项目的态度相联系。

管理多个项目

了解设计室正在进行的各独立项目间的关系，有助于有效配置资源。如果了解项目的

195

特点，就可对其进行更有效的管理。项目的两大特征可以帮助管理设计室的资源：需求的紧迫性或优先级，以及，项目给设计企业带来的价值：

◆ 优先级。每个项目的优先级取决于客户需求的紧迫性。具有不同优先级别的项目，造成了内部资源的竞争，从而导致了设计室的紧张局势。在总进度计划表中绘制所有项目（图 10.1），可提供项目交付（项目结束）的情况概览。可在不同层级绘制进度表，例如，可将项目分割至关键里程碑，如概念设计工作结束时。

◆ 价值。每个项目的价值与它的规模、声誉、收费及对设计室顺利经营所作的贡献有关。根据项目的规模、声誉、收费和贡献对其排序，有可能客观评价项目的重要性。这通常使用简单的尺度，将价值由高至低排序。

项目的特点和数量对设计室的营利能力有显著影响。

◆ 规模小、优先级高、价值低的项目，可能有助于填补设计室容量的空隙，但太多

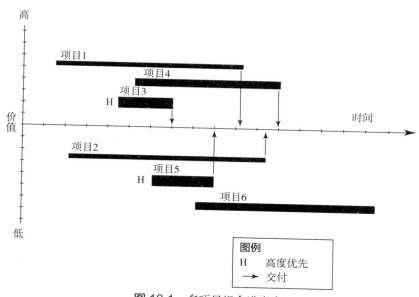

图 10.1　多项目组合进度表

就会给设计室造成不必要的负担。同样的活动应跟在重要项目之后，大量的小型
项目会使利润难以返还。大量的客户也对人际沟通及花费的时间提出了相当大的
需求。

◆　规模大、期限长、价值高的项目是大多数设计室的目标，尽管因竞争激烈，与小
型项目相比，这些项目更难获得。大型项目给设计室带来了稳定，因为它们更容
易获得资源，并为企业提供相对持续的资金流，为员工提供持续的工作。大型项
目的组合也意味着较少的项目数，因而与小型项目的组合相比，客户也较少。

职责与汇报

项目组合应由设计室内的某个人来管理，这项工作通常由设计经理承担。设计经理将
负责评估项目的价值和优先级，并保持总计划的更新。设计经理还将负责分配资源及平衡
项目竞争，以避免冲突。个别项目将由项目经理负责，通常是建筑师或建筑技师。项目经
理负责项目，并定期向设计经理汇报项目的进展情况。报告应包括所有可能影响项目完成
和预期对项目完成日期有影响的问题（已知的和预期的）。

设计经理的作用

设计经理面临的挑战是，通过有效的计划、清晰的沟通和相互信任，激发、促进和鼓励
创造性活动的蓬勃发展。设计经理的作用不是微观管理项目工作；这些工作应由雇员来完成。
设计经理应与个别项目保持距离，以便能纵览整个项目组合。高质量的工作将受助于知识型

197　员工的招聘和留用策略。每个机构中必须有一个人为整个项目组合的质量及按时提交设计信息承担全面责任。在小型设计所，这个角色往往由高级合伙人担任；在中型设计所，由合伙人担任；在大型设计所，则由设计经理来担任。不论职位如何，设计经理应具备以下能力：

- 激励与领导。通过承诺和个人热情激发和激励团队成员的能力。建立有效的工作团队并明确界定其在整个项目框架内的职责的能力。建立信任关系和发展相互尊重的能力。

- 规划并分派工作。评估和管理个人的工作负荷，并给予团队其他成员应有的关心。以"直升机的视角"站在当前问题的背后，全面考虑优先次序。筹备和主持会议。将工作包切实可行地委派给他人。

- 沟通。解释概念和思想，以及传达个人任务、责任和项目目标的变化的沟通能力，往往借助绘画和素描。人际交往能力包括听取团队成员意见，给予和接受建设性批评，以及通过知识共享活动反馈给个人和设计室的能力。沟通能力必不可少，尤其当设计活动独立于生成团队时；关键是，整合、团队合作和有效沟通。

- 灵活性。灵活响应来自质量管理体系框架内的内外资源的变化。在不确定领域内工作的容差和能力。

- 解决问题。这就是经过设计培训的人比经过管理培训的人更具优势的地方。设计经理必须能够为员工提供有关设计、技术和管理方面的建议。这意味着，他应能回答与项目直接相关以及与设计室的标准和程序（间接）相关的问题。

198
- 应对压力的能力。生产工作的时间总量处于持续的压力之下，加之建筑物日趋复杂，一些员工可能会在不同的时间经历一定的压力。顺序模型在此提供了巨大的好处，因为团队内的每个人已经商定了边界，并受到预先计划好的设计评审的控制；该系统较为稳定，从而减少了不确定性。但是，压力必须被设计经理和提供支持的管理系统所"吸收"。重要的是，应通过有效、周到的工作分配来管理压力，以免出现负压的状况。

在不同组织间，设计经理的实际作用各不相同；无论如何，设计经理都被期望领导和协调设计和项目团队，并直接向高级管理层汇报。除了最小的设计所，设计经理将在设计所内建立设计师和高级管理团队间的联系，某些情况下，还将成为联系客户的纽带。因此，设计经理具有边界作用，他主要提供了员工和管理人员间的缓冲区。除了其所展示的领导才能，设计经理的典型职责还包括：

- 分配和协调工作和团队资源。
- 维护和监测进展情况和工作计划。
- 保持和制定标准和制度，以实现所有主要目标，促进持续发展。
- 联络客户，解释简报和设计要求，评估可行性，准备施工图和监督现场工作。
- 评估和分析招标文件，起草评审报告。

扶持和鼓励

机构的每个成员都拥有各自的长处和短处。设计经理面临的挑战是，梳理和提高个人的优势，识别和减轻他们的弱点。个人通常对他们想做什么或不做什么有很强的意见，认为这是他们工作职能的一部分，但这种愿望并不总是等同于他们的长处和短处。优秀的设计经理应对个人的技能和需求保持敏感，并尽量根据设计工作室的总体需求平衡这些方面。与个别设计师讨论并分享意见是个很好的做法。这是通过公开、信任和诚实的关系，最大限度地发挥设计室的潜能，以便惠及所有各方。 199

有些员工将比其他人更积极、更有才华和更好地提交特定的工作包。设计经理必须了解这一点，并做出相应的职责分配。优秀员工应受到奖励，并将自己的好习惯分享给他人。表现不佳的员工应被尽快识别并采取适当措施来纠正问题。通过同事的建议和讨论，问题可能会相对简单和容易地被纠正。较严重的情况下，可能需通过培训和课程来更新技能，或重新分配工作职责。

设计管理模式

设计和生产合同文件的任务难以界定，因为它以不同的频率，贯穿整个设计和施工阶段。设计师所经历的许多行动，大多微妙而难以观察。因此，该过程可能难以管理，除非设计师和管理者能充分理解它，并认清决策所带来的影响。出错的代价非常昂贵（纠正错误的代价和设计室声誉受损的代价），因此需要有适当的系统来防止超出设计室限度的错误。

本书此前曾提及一个观点："管理是一种行动"。然而，它必须在一定形式的框架内工作。框架在不同的设计事务所之间各不相同，其程序及相关控件从非常松散到非常严格，不尽相同。例如，和许多人的看法相反，质量管理系统可以被设计允许很大程度的创作自由。不幸的是，很多系统没有得到足够重视，并最终成为设计工作室的权宜之计。这通常是因自上而下的方法很少考虑那些实际工作所导致的结果。从底层做起往往会带来更好的框架，它能适应设计室的工作习惯，并鼓励保持一致的工作质量。设计管理与机构的管理 200 和营利能力息息相关，但并不依赖于此。设计师和管理者之间的冲突可能是最大的。良好的设计管理关注的是，在创作自由与管理控制间找到平衡，而这只有结合个别设计室的具体情况及其所服务的客户类型。设计经理的主要职能之一是，使用一种令设计室成员感觉舒服的设计模式，从而有助于最大限度地利用资源并提升创造力。流程模式应提供一个清晰的框架，从而创造一个使设计和设计师能够蓬勃发展的环境。此外，还须考虑用于特定项目的管理模式，以避免协调性问题。在建筑师主导的项目中，这不应成为问题。但对于由他人管理的项目，可能需要修订某些项目规格，以适应设计管理模式。

质量框架

所供服务的一致性及质量将受到设计管理模式有效性的影响。质量管理框架（ISO 9000 系列认证）可以提供适当的控制，以统一的方式管理设计活动。连同项目质量计划，这提供了管理良好的事务所的骨架，使企业得以采取其他的创新管理。所供服务的质量将主要取决于：

- 设计室的管理结构
- 员工的技能和奉献精神
- 与客户的互动
- 与其他项目参与者的互动

全面质量管理（TQM）涵盖了设计公司的所有工作。工作环境的质量被视为影响生产质量的重要因素。这是一个以人为本的管理理念，旨在以提高客户满意度为核心，持续改进并加强整合。这是一个非常简单、全面地将质量注入专业服务公司的方法，因为它是一种理念，而非技术——本质上就是一个软性的管理体系。但是，TQM 的理念需要传输给公司内的每个人，进而扩展到供应商、承包商，甚至客户。在很多情况下，这可能需要文化的变革。在建筑公司内，TQM 的变化可以通过管理领导层、实施质量保证（QA）系统、继续职业发展（CPD），以及最重要的，团队中员工的参与来实现。日本将此称为"Kaizen"（改善），即步步为营持续改进的方式，它与工作自豪感的概念相类似。如果一家企业想通过 TQM 获得竞争优势，其客户和供应商（顾问）须参与到该进程中来。

从企业角度来看，采用 TQM 非常重要，但考虑其对相关各方生活质量的影响同样重要。一个设计良好的质量管理体系有可能使工作、生活更轻松、更愉快，允许有更多时间来完成激动人心的建筑作品。好的质量保证（QA）系统还可以帮助管理压力（更高的确定性）和倦怠（任务被明确界定和管理）。可以通过以下方面获取优质的服务：

- 一致的个别项目标准
- 一致的客户关系管理办法
- 一致的质量评审程序
- 明确的责任

一个简单、设计良好和易于使用的质量保证体系最重要的属性之一是，可被用作公司所有活动的基本框架。这种系统为企业提供了：

- 一个被公司所有成员理解的、明确的管理结构。
- 使承诺给客户的服务得以实现的政策和程序。
- 控制和审查设计过程和生产信息。
- 通过"工作质量计划"控制工作文件。
- 针对所有员工和董事的培训制度。

◆　全面风险管理系统。

实施和开发的成本涉及任命外部顾问、购买参考文件、制作质量手册、培训、正式认证、审计及维护的费用。质量管理应逐步推行，以使员工、外部顾问及客户能满意于提交服务过程中的变化和改进。重要的是，一经采纳，通过质量业务计划的审查及全体员工的努力，保持不断改进的势头。努力包括：最初的提高员工的质量管理意识，质量经理和审计师的专业培训，以及随着设计室工作进展而进行的培训和更新。所有成员必须明白，这是集体的努力，他们必须理解、认同并致力于不断改进。TQM 不能通过管理审查和指令来强制执行；它必须通过高级管理层的以身作则被接纳和起作用。若要实现这个目标，公司必须投入足够的教育和培训。利用内部培训及继续职业发展（CPD）是教育和激励公司所有成员的重要手段。质量经理和公司董事必须以身作则，带动公司所有员工，因为 TQM 是团队努力的结果。

202

适应性问题

设计室内管理个别设计项目的方式，对设计室管理团队来说非常重要。有些模式可能比其他模式更高效、更盈利。通常，有两种主要的设计管理模式：传统模式和流水模式（见图 10.2）。传统模式几乎完全基于英国皇家建筑师学会的《工作计划》（RIBA Plan of Work），也被称为"工作运行"模式、"整体建筑师"模式和"通才"模式。它依赖于个人从头至尾完成工作和管理项目的技能。该模式见诸很多有关工作运行的文献中，并构成建筑学教育中教导建筑师进行设计的方式的基础。流水模式（或过程模式）依赖于在特定领域工作的个人的互补技能。个人在各自的专业领域（如详细设计或合同管理）工作，专

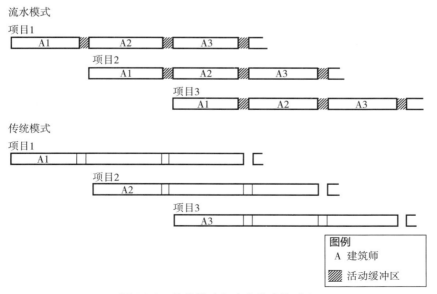

203

图 10.2　传统模式与流水模式的对比

家队伍可自我管理，但较为常见的是，由设计经理来监管协调工作包。设计事务所可使用一种或多种方法来适应项目背景。如，传统模式可用于改建项目及小型新建项目；而流水模式则可用于重复性客户及新建的商业项目。在相似的、使用"相同"模式的设计事务所之间存在细微差别，取决于事务所的管理方式及其系统所提供的灵活程度。

两种模式都要求甄别在设计室工作的每个人的长处和短处。这可能对流水模式更重要，但无论采用何种方法，设计经理都需要知道是谁在哪些项目上工作，且是否适合他们的个人技能？根据员工经验绘制的能力分析图（图 10.3）也许有助于为设计经理提供一个相对粗糙但有效的形象指南。在绘制人员的能力分析图时，有必要定期（如 6 个月）更新矩阵图，以反映经过项目体验及 CPD 活动后个人的成熟与发展。

204

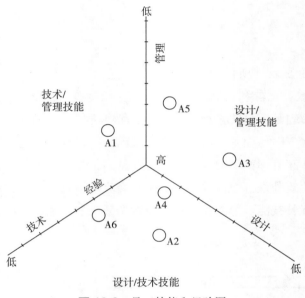

图 10.3 员工技能和经验图

传统模式

对大多数项目类型来说，传统模式相对简单、熟悉和方便。它往往被广泛应用于英国的建筑业，范围从独立执业者到大多数的中型事务所。当接到任务时，会任命一位项目主管（也称"责任建筑师"和"项目建筑师"），负责项目从开始、经各不同阶段，直至实际完成的所有工作。在该模式中，项目主管通常被默认为项目经理，在项目管理中拥有相对自主权，设计经理负责监督所有项目的进展和协调。根据项目大小和事务所规模，项目主管可以得到设计室其他成员的协助。在该模式中，个人需要在项目的各个阶段锤炼技能，成为通才，而非专家。

优点

该系统的好处是，它被设计师及项目其他参与方所熟知。这符合建筑师、技师和测量师的培养方式，因为他们的培训中很少与其他学科互动。建筑师（有时是在设计室的技师和技术人员的支持下）负责管理项目从开始到实际完成和最终认证的所有工作。设计经理负责监督设计室内所有项目的进展。因此，设计经理往往重点关注工作分配、问题解决，以及向公司董事汇报进展。

205

缺点

虽然这通常是独立执业者和极小型建筑公司的唯一选择，但对较大的事务所来说，它被认为是技能和时间的浪费。因为，一名优秀的设计师很难出色地担当其他完全不同的职能，如详细设计、合同文件编制或项目管理——这些任务可以由更擅长这些技能的人来完成。因此，资源的不当使用有可能反馈为服务中的问题；它肯定不符合成本效益，也不是保持竞争优势所需的策略。另一个问题是，如果一位员工离开公司（带着他们未必被记录在案的工作知识），或由于某种原因，必须更换另一位责任建筑师；那么，就会使连续性受损，并且，还需要另一位建筑师花时间来"接手"该项目。

适应性

传统模式最适合小型项目，尤其是针对现有建筑的项目，如扩建和改建工程，维修和维护项目，其中，思想的连续性特别重要。小型新建项目也适合传统模式。该模式往往适用于独立执业者和中小型设计所。

流水模式

另一种方法是集合一组具备各种专业技能，并能在设计经理的控制下以团队方式来工作的人。在该系统中，每个人负责某个明确定义的项目段，并且因为他（或她）减少了行政职责，所以有了更多致力于各自所选领域的时间。流水模式基于早期的观察，每个项目都有四个特定阶段——简报、设计、出图和施工——每个阶段都需要具备专业技能的人。206 这样的系统要求个人不仅拥有不同的能力和兴趣，还要经过不同的培训；希望注册建筑师成为所有工作的优秀人才是不切实际的。例如，一个简单的流水模式在下列阶段要求个人具备的专业技能是：

- ◆ 简报阶段。需要项目管理和设计的技能——具备项目管理经验的建筑师，或具备设计经验的项目经理 / 施工经理。
- ◆ 设计阶段。需要设计技能——建筑师。

- ◆ 详细设计和施工图出图阶段（施工图设计）。需要施工、材料和构造方法的详细知识——建筑师和建筑技师。
- ◆ 施工阶段。需要合同、法律和进度管理的技能——施工经理和项目经理。

尽管有人认为，这种做法只适用于大中型设计所，从以上分析来看，很显然，4个人就可以作为一家非常有效的公司来运营。再增加一人处理企业的财务和行政，总数5人——就是一家小公司。在较大的设计所内，有可能在特定阶段分配具体的任务，例如，大型设计所在可行性研究、客户简报和规格编写等方面有专门的专家，这通常称为"职能专业化"。该模式与建设业有相似之处，其中由专业分包商提供特定物品，如幕墙或砖石工程。

需要发挥良好的管理技能，以确保这一体系顺利运行，并在各专业学科间保持最密切的联系。这需要一名专职的、有能力获得充分整合的最佳团队的设计经理。清晰的沟通是关键，这是一种能让所有人知晓决策的能力，也是作为质量管理体系一部分的设计评审之所以成为不可或缺的工具的原因，因为它提供了将项目相关各方聚于一堂的定期会议。所以，无论到达项目的哪个阶段，从概念方案到现场竣工，项目经理、设计师、细部深化设计师和施工经理都将参与，以促进设计并保持其完整性。设计审查还涉及客户或客户代表。

优点

流水模式的优点是，最大限度地发挥个人技能；设计师不会因在不太适应或缺乏经验的领域内工作而受挫。设计师会关注设计的最新潮流和发展趋势，技术人员会紧跟材料和产品的最新发展，施工项目经理将和承包商一样了解他们的合同（如果不能更了解的话），从而有助于促进沟通并减少潜在的争端。由于个别设计师曾在之前完成过类似任务，所以他们知道某项特定任务所花的时间，这使我们可以用更结构化的方法来规划设计室工作。传统模式的团队，项目将受限于个人的速度，这个人可能是一个设计速度较快但详细设计迟缓的设计师，其结果可能使计划难以管理。显然，流水模式有助于创造更一致和更高水平的服务和产品——往往也会为公司赢得更多的利润，为客户创造更大的经济效益。此外，间歇期常常可用于研究和更新个人技能，因为，这种努力将用于下一项工作——这不是传统模式可以保证的，在这种模式中，下一个项目往往给予工作量最轻而不是最适合这项工作的人。

缺点

工厂生产线常常被（错误地）类比于流水模式。如果建筑师希望"连续工作"并积极参与项目从开始到完成的各个阶段，他们还需接受教育和培训。许多设计师不喜欢失去项目的"所有权"。这种担心对建筑师来说似乎特别明显；其他创意行业（如广告业）在这种模式下工作似乎没有困难，人们在其中与不同的人才合作，成为一个具有清晰且灵活的边界的团队。当项目在规模上发生重大变化或经历意外变更（或延迟或要求加快工作）时，工作流程计划可能会遇到一些困难。这种情况在大型设计所相对容易解决，但对中小型设计所来说，可能会引起有效资源配置方面的问题。

适应性

流水模式最适合新建项目，特别是重复性工程，如重复的客户和相似的建筑类型。它主要被用于大型设计所及一些中型设计所，但不适合非常小的设计所（除非将工作包外包），虽然信息和通信技术（ICTs）使独立从业者有可能结合为一支较大的团队来操作，即由不同的设计室负责项目的不同部分以适应其专长的领域。

设计管理工作

完成工作所需的工作量和时间与人们解决问题的方式有关。估算特定项目所需的工作量及完成工作所需的时间，对帮助确定收费水平和管理设计室内的工作流程非常重要。没有好的估算，就不可能保证项目在预算和计划之内完成。遗憾的是，众所周知，设计工作难以量化，这使得估算所需工作量和时间的任务变成一个难题。在某些方面，难以准确预测所需资源和时间，会成为计划超限和资源短缺的原因，与比预计提前完成和消耗更少资源的项目相比，准确预测往往会带来更大的利益。准确估计所需的工作量非常重要，因为它直接关系到人工成本，进而影响项目成本。费用收入必须与可用于特定的设计任务或工作包的时间相联系，这必须考虑设计室内可用的个人技能及其费率。认识个人的行为模式有助于估算和计划活动的进度。

公司若想最大限度地提高运作效率，就有必要通过仔细估算和计划来控制时间和成本。大多数设计经理倾向于依靠来自以往项目的经验，并以此衡量完成新的设计项目所需的资源和时间。诸如工作分解结构和网络分析技术这样的工具有助于使估算工作更准确，但设计的本质也可能令最准确的计划很快地过时。这就在估算和规划设计项目时，提出了有关详细设计所需水平的问题。

估算设计工作量

建筑事务所使用非常笼统的方法分解与项目阶段相关的设计工作并非罕见。通常采用40/40/20模式（40%概念设计,40%详细设计,20%设计实施），但并不考虑个别项目的特点，因此，除了最初的进度计划推演，很少采用。为了准确估计所需工作量，除了通过工作分解结构确定工作，还有必要分析项目的难度。个别作业在大小、复杂程度和完成时间上可能会有显著差异。来自以往客户和类似项目的经验通常被用作近似的基础指标。然而，最好是参考通过绩效管理演习收集的数据，这将提供一个坚实的基础，以更好地估计所需的时间。下列因素是影响设计项目所需工作的主要因素：

♦ 建设规模

♦ 建筑的复杂程度（布局和设计问题）

♦ 技术的复杂性（所需的创新工作量）

♦ 未知的 / 不确定因素（如城市规划条件）

♦ 紧迫性

♦ 客户特点

♦ 事务所设计团队的特点（技能、经验和态度）

♦ 项目团队的特点（如并行设计的水平）

♦ 可用的设计和沟通工具

♦ 管理流程

210　　处理现有建筑时，资源分配的作用显得更加重要。即使进行了广泛的调查，也不可能在建筑动工（即工程开始）前提出精确的要求。必须为变更留有余地（包括不可预见费），设计经理必须给设计师拨出足够的时间来处理这类变更（包括计划中的一些应急措施）。这一点很重要，因为设计师制定决策所背负的时间压力可能比新建项目更严苛。根据事务所的规模及估算工作的复杂程度，有可能做出一些简单的时间估算。这应该与预计的难度相关：

♦ 相对容易（A）。分配较少的时间（如 5%）。

♦ 不太难（B）。无需特别规定。

♦ 非常困难（C）。允许超额的时间（如 10%）。

表 10.1 说明了估算的设计工作需用量与实际消耗量之间的关系，它被记录于员工考勤表中。这是一张相对简单的表格，将项目分为三个主要阶段：方案设计、详细设计和实现设计。作为一个整体，这 6 个项目的估算比较准确，实际时间与估算时间的差值幅度在5% 以内（1 个项目除外）。为简便起见，这些估算以 40 小时 / 周的工作时间为准，而员工的签约工作时间为 37.5 小时 / 周。

211

估算时间与实际时间对比表　　　　　　　　　　　　　　　表 10.1

项目编号	难度	方案设计阶段估算值	实际值	详细设计阶段估算值	实际值	实现设计阶段估算值	实际值	差值
01 新建项目	B	1000	1100	2000	1850	500	470	−80（2.2%）
02 现有项目	B	560	572	600	625	300	325	+62（4.2%）
03 新建项目	B	240	230	360	355	180	160	−25（3.2%）
04 新建项目	C（+7.5%）	750	810	1000	995	500	530	+85（3.8%）
05 新建项目（重复性）	A（−6%）	140	120	100	98	70	75	−17（5.4%）
06 现有项目	C（+15%）	400	405	500	490	300	420	+15（1.2%）

估算工作能力

为一个特定项目或项目的某个阶段估算所需的工作量，使设计经理可以详细规划个人的工作能力，进而规划设计室的整体能力。这有助于规划设计室的工作流程并确定员工未被充分利用的时间段。如果不首先规划可用的预估资源，就无法承接新的项目。在大多数事务所，通常一个简单的表现形式就足以表达工作计划和进度，如表10.2所示。在该模式中，10%相当于半个工作日，所以，100%相当于整个工作周。

通过规划员工的工作能力，可以发现人员被闲置的时间，并制定相应计划。员工A被项目完全占用至第3周末，在第4周，有3天分给了CPD活动，并预计在第5周启动一个新项目。员工B除了第1、2周有少量工作能力，其余时间被完全占用。同样，员工C一直被占用至第7周末，届时需要提供新的工作。员工D正着手一个大项目，无短期工作能力。员工E从第4周起将没有工作，所以，需要找到新工作或被分配去协助当前的某个项目。

8周内员工工作能力状态表 表10.2 212

周	1	2	3	4	5	6	7	8
员工 A	0	0	0	40%	0	0	0	0
员工 B	10%	10%	0	0	0	0	0	H
员工 C	0	0	0	0	0	0	0	100%
员工 D	0	0	H	H	0	0	0	0
员工 E	0	0	60%	100%	100%	100%	100%	100%

H= 假日

有必要在每周初通过审查各个员工在项目上的进度并做出相应调整，来更新进度计划。当工作比预期提前或延后完成时，修改进度计划是不可避免的。其他因素，如，因设计室无法控制的因素（如延期获得城市规划许可）而导致的项目意外延误，或客户决定加快工作等，都会对工作进度计划产生重大影响。做计划的时间提前越多，计划的准确性就越低，并且，由于很多设计室能够准确计划4周内的工作，因而足以使设计室有效运作。

在客户允许的时间和执行工作所需的时间之间达成平衡，是一项艰巨而重要的管理任务。工作的各个阶段都需要制定计划、确定关键日期和固定设计审查日期。然后，应对此加以监督并坚持将其作为优质服务的一部分。时间管理是设计室所有成员的一项重要活动，因此，要使公司顺利运行并保持竞争优势，规划和协调所有员工的日常活动至关重要。需要仔细考虑工作计划；给员工过多或过少的工作都很危险。所有计划都应有明确的宗旨和目标。重要的是，预见问题并在计划中预留"时间窗"来处理这些问题。一个不为解决问题留出余地的工作计划将失去效力，并可能导致设计室内的资源分配问题。如果事情进行得比预期好，就可积极利用时间窗，如，用于CPD活动。

213

员工调配

从管理者的角度来看，考虑员工的经验可能是有用的，有必要平衡热情与经验。根据具体项目的要求，员工可分为经验不足、有经验或经验丰富三大类：

◆ 经验不足的员工。这些通常是学生或刚刚获取资质的人，是人员编制中最廉价的资源，但是，需要不断培养和监管，这使该资源的真正成本远远高于其在资产负债表中所体现的。理想的人选是，能综合考虑经验丰富的同事的建议，并结合质疑传统学术的能力。随着时间的推移，经验不足的员工将成为设计室内非常有价值的成员。

◆ 有经验的员工。设计机构的最大资产就是其具备有经验和能力的员工。他们能在最低限度的监管之下工作，并通常能相当迅速地进行准确的工作，并能平衡其个人的工作量以满足项目的里程碑。

◆ 经验丰富的员工。应谨慎确保所有员工了解当前发展，并不完全依赖非常熟悉（且很少被质疑）的解决方案。有些员工可能会变得厌倦和自满。重新分配职务往往能非常迅速地消除任何自满情绪，并减轻厌倦感。

设计事务所经常发生的事情是：设计经理必须使用当时可用的员工（那些没有忙于其他项目的人）。这有时意味着，最适合某特定项目的人却不能使用。其结果是使用那些并非最适合的人，或得尝试有效利用资源。另一种方法是，尝试编制项目计划，以配合员工的可用性，但这很难符合客户的时间框架。这意味着，不能仅凭员工的能力、经验或工资为项目配置人员。如果设计室采用流水系统来管理，就可避免这种情况，其中的工作是沿供应链传递的，这种系统方法对某些客户和建筑类型来说，经济有效。全面概览谁在哪个项目上工作非常有用（图 10.4）。

应对员工假期加以管理，以确保不会有太多人同时离开办公室。设计经理还需考虑假期替工问题。如果给予充分重视，就可提前安排假期替工或编制工作计划以应对某些短期缺勤。病假和丧假其实不可预测，会扰乱大多数工作计划，尤其当设计室以非常精益的模式运行时。大部分疾病相对较轻，缺勤时间相对短暂；但仍会干扰项目计划。产假和侍产

	合伙人	事务所	建筑师	技术员	实习生
项目 1		×			
项目 2	×	×		×	×
项目 3		×	×		×
项目 4	×		×	×	
项目 5	×		×		
项目 6	×			×	

图 10.4 项目的人员配置图

假更容易纳入工作计划。制定规划时考虑员工病假，以确保连续的工作流程，是一个挑战。企业不能为了以防万一而负担员工被闲置的费用，所以有必要引入短期合同员工。

工作分派

与营利能力挂钩的另一个问题是工作分派。只有当雇员胜任其工作时，才能有效完成工作分派，这意味着，有效的招聘和持续的改进。公司所有员工，从总经理到实习生，都应花时间来反思。这必须被安排进日常工作中，因为它太容易被其他（同样重要的）需求所淹没而被忽略。如果公司希望借助其集体经验发展壮大，定期而积极的反馈会议必不可少。通过分配责任和最大限度地发挥个人技能，建立合适的框架，以超越传统的设计服务，获得基于稳健财政的其他潜在收入。

临时干扰

无论员工的时间表和工作量计划得有多好，总会存在一些可能在最不恰当的时刻引发问题的因素。因此，需要不断监测项目和人员，作出调整和人员部署。与工厂生产线上的机器不同，人的工作效能很难预测。设计经理必须处理，而教科书又无法解决的另一个问题是，工作人员总有一至两天状态不佳的时候。我们的环境和家庭会影响我们，有时甚至会让我们分心，无法专心工作。当工作效率低于正常值时，我们很容易犯错误。所有人都会遇到这种情况，虽然很少有人会承认。

识别好习惯，消除低效率

设计经理最具挑战的任务之一就是，识别设计工作室内造成浪费的流程和习惯。识别和减少浪费可以提高企业的营利能力，有助于减少工作人员的压力和倦怠发生频率。为了识别浪费，设计经理必须首先了解员工在设计室内的工作方式。这可以通过与项目建筑师的定期沟通来实现。如果设计师感觉自己的工作被过度官僚的行政和管理程序所阻碍，会立刻抱怨。然而，那些参与项目的人往往忙得无法发现日常活动中需要改进的地方，这需要某个与该项目无关的人，客观地来执行。设计经理应有时间观察和倾听设计室人员处理其业务的方式，再作出分析和响应。有些员工可能比他们的同事更快地完成任务，和更有效地处理来自工地的咨询。某种程度上，做法的好与坏，可能与个人的性格相关，但很可能这些人做的事情与他们的同事略有不同。

◆ 良好的习惯可以提升价值，需要在设计室内进行识别和讨论，以便向同事传播知识。
◆ 坏习惯会制造浪费，必须尽快识别并减少。

采用持续改进政策（和精益思想理念）可以帮助识别浪费的习惯和程序。采用精益方法不是要削减员工和要求他们留下来做额外的工作，而是要为任务明确界定工作和有效分配资源。这部分涉及设计室章程，部分涉及设计室内个人的工作习惯。欲了解价值，还需正视浪费。很显然，当接收者试图了解信息时，一个不完整的书面设计规格或不清楚的图纸将在供应链的某处产生浪费。这通常会导致要求设计室重新审阅信息并澄清所有分歧的请求，该任务将比一开始就做对消耗更多的时间。然而，设计室内还存在其他与信息生产相关的、需要加以解决的习惯，以确保资源的有效利用。很少有员工会承认下列坏习惯，但它们并不少见：

- 过度绘制的图纸。这是建筑师们的普遍习惯。除了不必要的浪费外，它也会使读者对图纸产生困惑。精确地分配完成任务的时间，通常可以阻止太多不必要的点缀。同样，了解将来使用图纸的人的需求，会帮助制图者保持专注。
- 绘制不充分（不完整）的图纸。这往往是因为完成任务的时间不足，导致对接收者来说价值不大的不完整图纸。
- 不完整的书面设计规格。这是一个非常普遍的问题，往往由糟糕的计划导致——没有足够的时间进行这项活动。
- 未能遵循办公室章程和公认的信息生产标准。如果这些章程已正确实施，就没有理由不遵守。
- 应在设计室内搜索信息，却未果。这往往与设计室内糟糕的工作习惯和没有遵循标准的工作程序有关。
- 不当应用设计室的标准和主文件（导致错误和返工）。
- 无效使用信息技术。这通常与缺乏关于如何使用专用软件和工具的知识有关。通过引入新员工、培训，以及定期更新知识和技能，很容易得到纠正。

避免设计错误

即使是最有经验和才华的设计室成员也会犯错误。设计错误的纠正需要付出昂贵的代价和时间，随着设计从详细设计阶段到实现设计阶段的推进，纠正错误所需的费用和资源不断增加。必须尽早识别设计错误，最好是在设计信息离开设计室之前。设计错误往往是由设计团队成员间的错误沟通和粗心工作导致的。通过定期的会议、设计批评及正式的设计审查，可以减少无效的沟通和错误的理解。利用协同技术和 BIM 也能帮助减少错误。粗心的工作往往与个人承受太多的时间压力及受到太多干扰有关，这会导致工作缺陷或出错。通过质量控制程序和设计经理的警觉，可以及时发现这种疏忽。

控制返工

鉴于设计的协作性，试图预测需要修订的工作量非常困难。在设计室内，通过严格控制项目参与者所做的设计工作、获取最新信息、明确的指导和程序、学习循环以及设计经理的支持，可使返工总量保持在最低水平。与项目其他参与方的互动是个较大的问题，因为设计工作室几乎无法控制他人的工作质量或其按时交付正确工作的能力。因设计工作包间的协调而导致的少量返工不可避免，这必须包含在计划之内，并纳入工作和费用成本的考虑因素。设计团队成员的熟悉程度将对人际沟通及迅速有效地开发设计的能力产生影响。

事务所到项目的接口

如果没有有效的管理系统来激励创造性工作并控制产品的一致性，就很难向客户和项目其他利益相关方证明设计的价值。将创意转化为竣工建筑的途径有很多，建筑事务所管理设计工作的方法各不相同。无论何种方法，重要的是，应认识到，设计活动及设计信息的管理方式将影响过程的有效性及竣工建筑的质量。对所有项目实施一致的方法，将有助于个人和设计经理有效地工作，并更好地应对突发问题。

建筑事务所无法控制其他设计所的工作质量，但设计经理可以通过良好的领导和项目文化建设来影响它，将设计质量和客户价值放在所有致力于设计工作的人员的心中。与项目其他成员的互动将促进（或反过来阻碍）设计活动的协调。经常与设计室外部成员沟通的事务所成员需要具备相应的人际沟通技巧。

第 11 章　沟通、知识共享和信息管理

良好的沟通、知识共享和信息流通是设计所顺利运行和有效交付项目的关键。至关重要的是，设计所每位成员了解自己的角色，了解其同事正在做什么，和为什么做。这将有助于加强设计所文化，确保所有员工保持一致的服务水平，并提高生产力。在小型设计所，可以在没有正式程序的情况下讨论工作和分享知识。然而，在大中型设计所，将需要采取措施，以确保个人有机会讨论他们的经验和分享他们的知识。设计经理的任务之一是，实施、监测和调整程序，以促进人际沟通和知识共享，从而使设计信息有效地生产和传递。使用最合适的 ICT 技术和 BIM 软件以适应设计所文化，将促进该任务的实施。

设计室内的沟通

在以人为主的企业中，人与人之间的互动和通过有效对话分享知识的能力，有助于创造一个成功的企业。在互相合作的团队成员间缺乏沟通，就无法展开设计工作。这种情况有时出现在设计室成员间，有时通过会议、电话交谈和基于 Web 的协作技术，出现在其他设计室成员间。办公室文化完全是沟通行为的产物，即其成员和办公室的管理方式间的互动实践。有些设计工作室的环境嘈杂，充斥着聊天声，具有生气和活力；有些则相对安静和严肃，员工在其间的沟通更谨慎。根据个人喜好，有些环境将比其他环境更适合，重要的是获得正合适的那一个。内向的人不会在嘈杂的办公室内待很久；同样，在安静的环境中，外向的人很快就会遭排斥。同样，某些设计经理乐于在嘈杂的环境中工作，并鼓励通过说故事的方式进行公开沟通和知识分享。另一些经理则更喜欢安静的办公室，通过精心编排的会议和社交活动进行人际沟通和知识分享。对于临时的参观者来说，安静的办公室可能显得"更专业"，但对于人际沟通和项目间非正式的知识共享来说，它未必是最有效的环境。公司业主对于办公室成员的沟通方式也有个人的喜好。

设计经理必须创建一种设计室文化，成员们乐于通过日常交往非正式地讨论他们的项目。这与建立在设计室程序中的定期知识交流活动密切相关。相互信任和尊重是这里的基本要求，两者都必须通过透明的管理和可靠的行动来赢得。设计经理的作用是这样的：他（或她）将与设计室成员进行日常交流，并频繁出现在设计室内——基本上通过到处走动来管理。在工作日内，设计经理和员工间会发生大量的非正式的交流，他们讨论项目进展，提出问题并对解决方案达成共识。这种人际交往，有些将关注维护关系和与设计室新成员建

立关系，有些则与任务更相关。正是人际沟通促进和形成了设计室内的谈话声，并且，通过它，专业人士能够相对随意和迅速地分享知识，即，人际沟通是一种将设计室团结为一体的胶粘剂。

　　非正式谈话是理解那些常常被认为"理所当然"的语句的重要过程；因此，对话是克服歧义的必要手段。背景信息、线索及那些所谓的"闲聊"是建立关系的重要因素，因而也是对陌生背景加深理解的关键环节。能够进一步探讨主题而不惧尴尬、嘲讽或得罪他人的风险，主要通过人际交往来实现，这有助于建立关系，从而建立背景信息。在团体中，有必要知道谁是特定领域内最有知识和技能的人，从而使人们可以在相关任务中承担关键角色。当一个成员自由互动和公开披露信息时，其他成员就得到了获取其知识和技能的途径及有关线索。这些信息是确定非正式团体的作用，以及有效利用团体知识以追求设计室目标的关键。随着时间的推移，对各成员技能及特性的了解，会使设计室的运作更有效。可以假定角色和责任，并且，可以迅速指派最合适的人去承担任务，而无需进行冗长的讨论以确定谁拥有必要的技能或知识。高效的团体是那些有较高生产力并符合机构目标的团体。高水平的生产力不仅是因为他们有解决问题的程序，还因为该团体较为稳定，无需花太多时间来争取地位。同样，成员了解彼此的技能、特点、知识和角色，并且，只需少量的讨论来调配任务。

　　设计室内偶尔会发生分歧。有些意见分歧可能与项目上的工作有关，尤其是当工作接近最后期限时，压力水平也接近最高。其他方面的分歧可能是相对琐碎的个人小事，例如两名雇员为各自支持的足球队进行的争论。分歧的规模很可能相对较小，员工间也较为轻松——办公室玩笑的一部分——但偶尔个人会为了其高度重视的具体问题变得情绪化（尤其是当他们感觉受到太多的工作压力时）。设计经理需要及早认识分歧，并适时进行干预，以便在情况变得无法忍受前恢复原状，且停止个人互动。设计室文化即使在困难时期也必须保持积极性，设计经理在鼓励和保持积极的工作环境中扮演着重要的角色。

与其他机构的沟通

　　与其他项目参与方的沟通是由个人在多个层次上进行的。设计经理的作用是同其他设计室的与他（或她）地位相当的人进行沟通，以便协调工作。同样，项目建筑师需要与临时项目组织的其他成员进行沟通，以便把事情做好。许多适用于设计室内部沟通的原则也适用于项目的沟通，但对于那些为其他组织工作的人来说，开放或防御的方式可能有所不同。

　　与承包商设计经理和设备设计经理的沟通，将协助监控信息流和解决项目进行过程中的挑战（图11.1）。在此角色中，设计经理致力于项目（和项目组合）内的边界相交叉部分的不同组织文化的融合。正是这种与其他经理的人际关系，帮助确立了项目的基调。

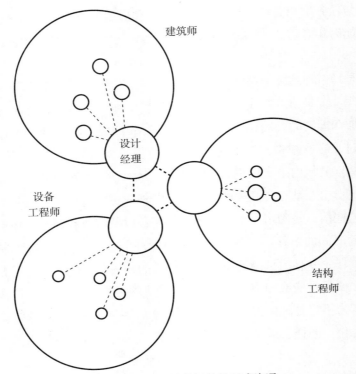

图 11.1　与其他机构的正式沟通

　　设计经理无权直接影响其他设计所的员工的行为。此处可发挥非正式的领导和影响力（图 11.2），所以，重要的是，应认识到，不同的机构有不同的价值观和目标，会给项目不同的优先级。一个特定项目的优先级在有些合作的事务所内可能会降低——但设计经理很难知道这一点。设计经理面临的挑战是，他（或她）对受雇于其他机构的团队成员没有直接的管理控制权。因此设计经理需要尝试通过促进与其他项目参与者间开放和信任的关系，来影响项目文化。

控制信息的内容和发布对象

224

　　控制事务所发布信息的质量和内容，可能会影响事务所的营利能力。必须为每个项目订立协议，并为信息发布制定明确的程序。有些项目将在协作和相对信任的关系下得到发展；有些则不会。因此，有必要根据项目控制信息的内容和发布对象。理想的是，在项目启动时就与客户讨论该策略并达成共识，尽管随着项目的推进有可能修订该政策（例如，项目文化以意外的方式发展时）。

　　图纸登记系统是监视图纸和相关文档的当前状态的必要工具。所有项目都应在与客户取得初步接触时即被分配一个数字，这允许所有时间和费用被分配给一个特定项目。对文档内容、接收者、时间和状态（如临时，已批准）的记录是控制设计和项目工作发展的基

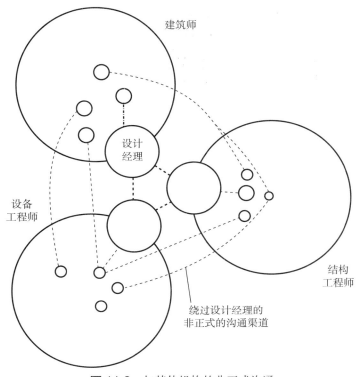

图 11.2 与其他机构的非正式沟通

本要素。诸如项目 Web 工具这样的信息系统提供了控制和跟踪信息共享的手段。鉴于专业费用的压力以及尽快出产信息的需求，信息检查功能已被分派给员工。不幸的是，由于员工间过分亲密，"自检"功能较易出错。设计经理负责确保设计室发布的所有信息保持一致的质量水平，完整且无差错。需给新员工以特别关注，因为他们在就业初期可能不熟悉设计室的程序和标准。有必要额外关注高优先级的"紧急"项目，它给出的完成速度，可能会使它很容易出错。外包工作也需要检查，以确保它达到规定的质量标准且无差错。

有效的沟通策略

鉴于时间的压力以及对所有项目盈利的渴望，有效利用通信媒体和相关工具非常重要。设计经理通过使用管理控制和程序，能够帮助个人来管理他们的沟通。明确的办公室政策将有助于为设计工作室的所有成员订立工作协议；但是，个人必须对自己的行为负责。太多的随意交谈和会议、意外的电话以及花太多时间处理电子邮件，将导致个人时间的无效使用，并降低完成任务的效率。同样，糟糕的办公协议也会导致时间的低效利用。为了避免浪费，并允许员工在思维不被无端打断的情况下工作，需要在一定程度上控制设计室内部。明显需要控制的领域包括：

225

- 会议。会议承担了重要功能，但它们在时间方面的要求很高，需要准备、前往和出席。个人在参加项目会议前必须考虑参会的价值。只有将会议的议程和目标清楚地列明并传达给在会前被邀请的人，才能进行评估。如果一份简要的报告足以，那就应该发送它，以代替参会。

- 电话。这对正常的思考过程和工作流程极具干扰。人们打电话通常是因为他们想到了什么（通常是紧急的），并期望接听者能放下一切立刻回应。有些设计室通过操控时间窗来保护员工免受干扰，员工可在时间窗内接打电话。这可能是一种有效的方法，可以集中工作精力，并减少对近邻工作站同事的干扰。

- 电子邮件。与电话方式类似，电子邮件也具有干扰性，并且，很多设计室运用时间窗让员工可以处理他们的电子邮件。

- 未经告知的探访。行业代表和承包商可能会借与设计室成员说话的机会拜访设计室。这些拜访会造成干扰，但也能提供信息，所以需要有个明确的设计室政策来指导员工。

专业人员同时从事许多不同的项目并不少见。这些项目具有不同的开始和结束日期，其不同的日常需求，需要不同的设计团队，并且，作为设计室项目组合的一部分，它们如226果没有得到战略的管理，将给个人施加太大的压力。这需要一定程度的多任务处理和自我管理，以确保完成所有任务，而无需员工因争取时间而受到不必要的干扰。在时间管理方面，有些设计室成员可能需要得到设计经理的一点帮助。第一步是监控员工在标准工作周内的沟通方式，尝试并量化花费在创收活动上的时间。这些数据将提供一个工作基准，以及与员工讨论问题的基础。运用工具及某种程度的额外培训和教育，将帮助员工对改善工作流程的策略达成共识。在设计室内加强设计室政策并分享好的做法，也将有助于保持沟通的效能。

知识保留与共享

对于专业服务公司来说，知识是它的关键资源，其核心知识就是专业人士凭借其职业所拥有的专业知识。保留知识是专业服务公司的一个永恒的挑战；大多数知识存在于个人的头脑中。人们于清晨进入设计室，晚上离开设计室。基于知识的系统应更加便于员工访问相关信息，并为企业保留知识。系统需要监管信息的准确性和时效性，这本身就是一项要求严格的工作，需要通过经常性的审计来管理。

知识共享对设计室的发展和竞争力的提升至关重要。员工间无法沟通并不罕见，不是因为其与同行之间的问题，而是因为缺少互动的时间和机会。这种现象在设计室内的沟通（主要是面对面的）及与其他机构员工的沟通（主要通过电话和项目网络）中确实存在。空间的使用状态可能会影响日常工作中通过临时对话进行的非正式沟通。开放式办公室可能比蜂窝式办公室更有利于非正式的互动。同样，将所有设计师和设计经理容纳在同一楼层的能力，可能关系到沟通的频率和随意性。当建筑师占用楼面较小的几层老楼时，就未必可行。设计经理应促进设计室内的公开交流，鼓励设计室成员谈论其项目进展，并分享好与坏的经验。员工聚在一起谈论其项目经验的机会必须被纳入工作量计划的考虑因素，否则，就不太可能发生知识共享。同样地，设计经理必须与在项目中工作的员工产生共鸣，即，他（或她）必须能够"说"相同的语言和分享共同的目标。非正式的沟通有助于加深相互了解，是发展互信关系的重要因素。设计经理必须得到项目成员的尊重，并被信任会照顾他们的利益。同样，设计事务所的高级经理必须信任设计经理。能够开诚布公地谈论项目开发和设计室管理方式是一个重要要求。 227

　　尽管我们通过体验式学习来学习设计，并且，许多情况下，通过我们或好或坏的经验来学习管理，但重要的是，设计所不可以出错。错误是要付出代价的，因此，通过尝试和出错得到的学习必须被谨慎监管，而且，应将错误控制在最低限度，且仅限于设计所之内。处理该问题的方法之一是，确保知识和反思实践与设计所其他成员共享。同事们在处理类似问题的过程中没有意识到这一事实并不罕见。这可能发生在人员坐得很近时，但更可能发生在人们因办公室构造被彼此分开时，或当个人远程工作时。通过反思行为和质量圈生成的知识，应被纳入某种形式的知识库，使新老员工可以轻易获取。通过共享的经验，公司有可能占据更有利的竞争地位。这种策略将取决于信息技术和专家知识系统的有效运用，也取决于设计经理规划员工时间的能力，应使员工有机会反思自己和团队。因此，沟通、信息管理以及知识的获取、存储和检索等问题值得特别关注。

知识的战略管理

228

　　设计室的大小及其管理项目的方式，将影响知识交流活动的规划和实施方式。项目相关的会议、设计审查及内部的设计批评是协助项目成功完成的工具；然而，仍有一定量的非正式知识交流发生于这些活动中。战略性知识交流活动也应纳入每周的工作计划。图11.3提供了一家中型设计室典型的周工作计划表。在该样例中，周一上午用于讨论项目和工作量分配。周三午餐时间用于非正式的知识交流活动。周二和周四用于和主要客户召开月度会议。周五无任何会议，因为这一天通常是必须完成任务的截止日期。

- ◆ 每周综合审查会。每周的开始是汇报和审查项目进展的好机会，也是汇集所有员工一起讨论个别项目和在项目间共享知识的好时机。这是一个资源匮乏的活动，并且，有必要以这样的方式来组织会议：迅速、简明地表述信息，并有时间讨论相关问题。其目的不是讨论项目错综复杂的细节，这是通过与设计经理的日常交流完成的。其目的在于讨论事关项目成功的因素，以及引起设计室其他成员兴趣的问题。问题通常易于识别，但对突出好的做法和项目成功至关重要。设计经理应记录所提出的问题，分析数据，以察看存在何种趋势。对设计室程序的一个小 229

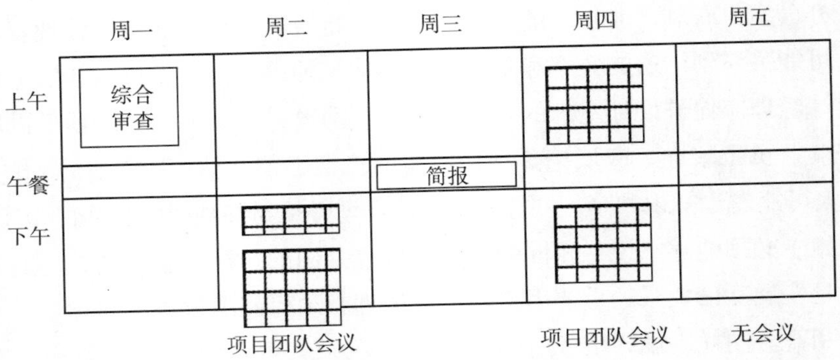

图 11.3　知识交流会概览

小调整可能对某些工作的效能产生巨大影响。

◆ 午餐演讲 / 互动。在午餐时间为设计室成员提供一个共同进餐的公共区域，有助于促进关系，并为随意讨论各类议题（包括工作）提供了场所。有些设计公司任这种现象随机发生；有些公司则有一个"管理"午餐休息时间的政策，意在更好地分享项目知识。有些公司每周举行一次午餐演讲，（如果可能）希望全体员工出席，并讨论某特定项目的进展。鉴于它在员工的休息时间进行，作为回报，公司可提供午餐。这些定期举行但相对随意的会议往往受到员工的欢迎，并被证明有助于分享不同项目的经验。也有机会讨论一些热点问题。行政人员及合伙人 / 董事也会参与。这些非正式的演讲应作为正式计划内的知识交流会的补充，而非替代品。设计经理需要拟定一份主题与发言人的预案。一般来说，应礼貌询问他们是否愿意参与，以及以何种方式参与，而不是口头传达主题或时间。必须考虑个人所受的压力，并且，演讲时间应避开最后期限 / 项目里程碑。时间必须控制在一小时以内，因此，陈述应尽量简短——大约 20 分钟——以便为随后的提问和讨论留出充裕的时间。简短的陈述不会给发言者造成太大的压力或额外的负担。应避免在晚上进行，因为员工可能会有私人 / 家庭的安排，也很可能累了。典型的月度午餐会可以包括：项目演示 / 讨论；合伙人 / 设计经理介绍；热点话题（可能由外部报告人陈述），以及自由讨论。

230 ◆ 月度客户会议。这些会议为发展客户和设计室成员（如合伙人、设计经理和为客户项目工作的员工）间的关系提供了一个机会。这些会议可以审查和讨论当前项目，以及引入和讨论可能列入的议题。比如，客户可能想知道更多关于项目团队整合，以及这种做法将给其项目组合带来的好处与挑战。花时间反思这些会议、评估讨论的要点，并思考其如何影响当前工作及对设计室未来发展所作的贡献是非常有益的。

这种方法对小公司来说可能过于正规和繁琐，虽然那些被强调的原则仍然可应用。

信息管理

建筑物涉及信息的生产、传递、交换、使用、存储和检索。大部分的机械设计现在都借助 ICT（信息和通信技术）和 BIM（建筑信息模型）来处理，但信息的创造和诠释仍是一项个人技能，它需要对信息交换所处的社会复杂性有所领悟。设计经理将花费大量时间询问信息的相关性和准确性，并将负责确保信息的畅通。在大多数中小型设计所，设计经理将负责信息管理的各个方面，并将特定的角色和职责分配给他人。在大型设计所中，信息管理员可能是一个独立于设计经理之外却与之相互依存并密切合作的角色。由于 BIM 的应用越来越广泛，信息管理者和设计管理者之间的差异会变得越来越模糊，有些角色被重新定义也在意料之中。鉴于设计信息对设计者的重要性，有必要考虑信息技术与负责生产和管理信息的人之间的配合。这需要在决定所使用的系统前，彻底了解整个企业的信息需求，以及与客户群的关系。

电脑软件令设计师在设计手段上拥有了相当大的自由度，并彻底改变了建筑师设计建 231 筑乃至交付建筑的方式。最明显的发展是，使用了建筑信息模型（BIMs）、可视化工具、结构模型、建筑性能模拟（如照明、消防、热性能）及图形数据库软件工具。相关领域有：项目信息电子存档、数据库管理和财务跟踪。另一有助于促进信息交流的工具是设计室 / 项目外网，利用它，可在图纸上同步工作，且无需打印大量文件副本即可发布。数字化建筑也使得将生产信息工作外包给离岸供应商在资金和技术上变得更为可行。在许多情况下，这导致了设计所员工在类型和数量上的变化，即：不太重视信息的生产者，而更多关注信息的协调者和管理者。随着 BIM 的应用越来越广泛，似乎需要一个 BIM 经理，一个为设计经理提供支持的角色。

信息的价值

信息就是以可用的形式出现的数据。信息提供了一种与不相识或不相知的人进行沟通的手段。信息可使人们作出决定并采取行动，因此需要关注信息的质量和流通。数据是有成本的，信息是有价值的。研究、分析、使用、储存、传输的成本，与用户感知的信息价值相比，相对容易量化。只有当接收者准确、及时、正确地使用信息时，信息才具有价值。信息的价值取决于将要使用该信息的人、使用该信息所处的环境，以及在特定时间使用该信息的人对信息价值的感知。满足准确、及时、恰当的标准是设计经理长期关注的问题，这是与目标受众相关的问题。一旦绘制和理解了信息流通途径，设计经理就能处于更有利的地位为信息管理设置恰当的框架。同样，对浪费的认识也有助于任务的管理。

机构内的信息应通过定期的信息审核、剔除不必要的信息，来进行价值评估。没有理由存储或传输无价值的信息，它的存储和访问需要成本，并可能导致混乱。我们面临的挑 232

战是，区分有用的信息和多余的信息。作为管理政策的一部分，或者，更为理想地，作为质量管理体系的一部分，过滤和分隔是必需的。竣工项目需要存档和保留适当信息，以适应法律与合同要求。

做出明智决策

人们付钱给专业人员，就是要他们作出明智的决策。信息和知识是决策过程的核心，信息的相关性和完整性越好，个人就越能作出明智的决策。对个人来说，拥有所有相关信息是不太寻常的，因此，在作出决策前，需要采取一些行动，以获得进一步的信息，从而降低不确定性的程度。如果设计所没有关于存储信息和访问在线供应商的明确协议，搜索信息可能变成令人沮丧和浪费的行为。通常，搜索信息的人会有一幅不完整的画面，可能对所需信息一知半解。作决策时我们可以：

- ◆ 等待其他信息；
- ◆ 按我们已获取的信息来行动；
- ◆ 生成"新"信息，如绘制图纸；
- ◆ 寻求进一步的信息，如搜索设计所的信息库；
- ◆ 选择退出，即将任务委托给他人。

信息需求会随着项目生命周期的不同阶段而有所不同，必须仔细控制，以确保信息的先进性和相关性。此外，还需努力避免信息过载。获取相关信息的速度，对于个别项目的有效管理和建筑及其设施的有效使用和维护，至关重要。公司组织和获取信息的方式将取决于设计所的规模及个别项目的大小和复杂程度。一位独立执业者每年可能只需几次从可靠且最新的资源中获取项目具体阶段的信息。大型企业往往实施自己的系统，并在内部保留大量可通过内网访问的信息。此处所面临的挑战是，在时间和资金有限的前提下保持信息的更新。

准备信息

创意工作以操作指南的形式表达给制造商、其他顾问、承包商和分包商，通常以图纸和书面文件来呈现，统称为生产信息。信息必须给承包商（接受者）传达设计者（生产者）的意图。这似乎是一个显而易见的观点，但那些生产信息的人必须时刻铭记这一事实：信息的阅读者将不会参与导致合同文件的决策过程。信息的接收者只能阅读文件以研究他们需要什么。因此，有必要确保所生产的信息对接收者有价值。操作指南必须清晰、简洁、完整、无差错，并对接收和使用信息的人是有意义的、相关的和及时的。设计经理的职责是控制所创建的信息的质量，并确保信息在项目中的共享。有些基本规则需要遵循：

- ◆ 清晰和简洁。有效的信息是清晰而简洁的。这种技能仅仅是要向预期接收者传达切实有用的信息。这可能是一个"知道该于何时停止绘图和书写"的问题。
- ◆ 精度。给出的图纸和说明应准确、严格，文档必须始终完整。
- ◆ 一致性。图形、尺寸和注释的使用，应完全一致地贯穿整个合同文件。
- ◆ 避免重复。在不同文件中的信息重复是不必要的，也是资源的浪费，并且，当信息稍有不同地重复时（往往是这样），会导致混乱。
- ◆ 冗余。总是存在这样的危险：当从以往的项目或设计室总文档"借用"信息时，在图纸或书面文档中会包含过度或多余的材料。
- ◆ 检查。在将信息发给他人前常常会检查信息，以帮助减少潜在的误解和错误。

234

回收项目信息

ICT（信息和通信技术）、CAD（计算机辅助设计）及 BIM（建筑信息模型）使得在设计室重复使用信息变得非常容易，一眨眼的工夫就可将详图和规格说明从一个项目复制到另一个项目。可以定制适合机构的典型详图与规格说明，以成为可在项目中重复使用的公司"标准"或"主文档"。这些都是基于良好的做法（以设计公司的视角）和代表设计公司的集体经验。除了有利于一致性和质量控制，其优点主要是节省了重新绘制详图和搜索信息的时间。回收信息的主要缺点是，它会扼杀创造力及创新的解决方案。这就是为什么有些建筑公司试图以第一原则来设计（当收费足以支持这些方式的时候）。需要注意：为了确保重复使用的信息准确且符合现行规定，必须定期检查它。

外包信息生产

外包信息的生产一直是许多设计事务所长期以来的特点。在数字技术出现之前，许多建筑和工程公司将信息生产（即详图）外包给专业人士，尤其在繁忙期。这样做是为了使员工数量保持在一个可行的水平，并使工作荷载保有灵活度。改变的是，工程和建筑行业外包工作的规模和便利性。现在有可能将信息外包到海外，以帮助将成本保持在可接受的水平，也有助于加快生产信息的过程。

管理信息流

大量的信息将是短暂的——需要用来帮助完成任务——较少的信息会保留到项目完成后。保留的信息将涉及竣工图和其他经营和法律所需的项目文件。各类信息汇总简表见表 11.1。设计分类和标准详图常常被一些开发商直接使用，因此他们常常不太需要专业设计师的服务。某些开发商常常会使用典型设计和标准节点，因此他们很少需要专业设计师的服务。专业领域（有特定的信息需求）包括开发许可（与设计质量密切相关）、项目管理、维修和保养。

235

信息来源 表 11.1

	外部资源	内部资源
企业信息	市场定位、竞争者、合作者及供应链合伙人（顾问、制造商等）	员工记录、财务记录、个别项目、使命陈述、市场资料、设备及材料
设计信息	来自制造商的文字资料、专业期刊、同行评审的学术期刊、书籍、其他设计机构开发的典型设计、法律（如规划与建设法规）、指导性文件（如：ISO、健康与安全）	标准节点和设计规格、来自以往项目的典型设计、内部开发的设计指南
项目信息	客户、顾问、承包商、法定机构及地方当局、用户群。标准与法规	典型设计、规划和监测。法定保留的信息
产品信息	来自建筑性能、客户及用户的反馈	内部分析和审核
系统和管理控制	管理系统、控制和框架。专业行为准则、专业期刊的指南和建议。工程保险	工作计划、办公手册、质量管理。专业行为准则。专业赔偿保险及相关保险

236　　　了解设计所（和项目）内的信息流是信息价值最大化的核心，是帮助减少浪费的根本。因系统瓶颈而坐等信息，是徒劳和令人沮丧的。在项目开始之前绘制和构建信息流通模型，有助于避免瓶颈和跟踪信息的时间。

信息过载

　　个人每天面临的问题，及其管理者从战略角度考虑的问题，是大量的可用信息。信息量已增加到某种程度，需要某种形式的专业管理结构和技术来存储、处理和检索相关信息，以避免信息过载的状态。当个人或机构收到的信息超过其能够处理的范围时，就出现了信息过载；因此，有必要进行某些形式的过滤，以使个人尽可能高效地完成工作。有些设计事务所对信息的接收者、接收内容及接收时间有着相当严格的控制；有些设计所则将信息处理留给设计所内能够获取大量信息的人。设计事务所能够以年费方式向在线信息提供者订阅信息，他们会提供访问最新信息（如法规、标准和制造商的信息）的渠道。

实施 IT 策略

　　客户期望专业人士能利用最恰当和最现代的技术来交付他们的项目。硬件、软件的许可和更新、安全系统、技术支持、维护、IT 咨询及人员培训和更新，需要大量的资金投入。无论系统是购买还是租赁，都意味着一个需要纳入年度预算的重大投资。通常，企业会在IT 上花费约 5%—10% 的年营业额，尽管这个数字在各建筑事务所之间相差很大。不论采用何种系统，它们都必须可靠、用户友好和负担得起。必须策略地进行不同软件包的升级和更新，使其从旧到新相对平稳地过渡。系统变更还需考虑到设计室的工作计划，最好在
237　　不太繁忙的时段进行，因为当员工熟悉新软件时会降低效率，尽管只是暂时的。
　　信息技术应与员工的工作习惯无缝结合。这通常意味着，员工必须训练能够尽可能有

效使用该技术。这也意味着，设计室需有专人负责战略性地审查和管理设计室的 IT 需求。设计经理将很好地做到这一点，因为他了解公司的业务及设计室和个别项目特定的信息需求。理解和掌握特定的 IT 系统并不重要，因为在需要时，可以通过 IT 顾问来购买它。

确定机构需求

每一个 IT 系统，不论成本和序列，都构成了社会系统的一部分，它的成功与否和机构使用它时的动态有关。该技术必须符合企业的目标和办公室文化。有关信息技术的决策是由不经常使用该技术的管理者来制定的，他们可能不一定能做出最好的决策。建筑师、建筑技术人员和工程师是最能理解其需求的，因为他们在日常工作中使用 ICT 和 BIM 技术。这意味着，自下而上的方法应构成有效的企业战略的一部分。设计经理在此发挥作用，不断监测员工需求，并将其与设计所的业务目标相挂钩。这有助于使专业知识成为投资信息技术及相关培训和更新的核心。虽然这些决策往往涉及绘图软件，如 CAD 和 BIM，至关重要的是，要更加仔细和全面地考虑企业的近期、短期和长期需求。需要考虑：

- ◆ 集成和兼容性（与客户、顾问、制造商和供应商、承包商）
- ◆ 事务所全体人员的期望和需要
- ◆ 紧迫性（执行进度计划和资源需用量计划）
- ◆ 软件和硬件的选择
- ◆ 人员培训和更新
- ◆ 监测和反馈
- ◆ 未来升级

事务所到项目的接口

238

了解其他项目参与者的需求——他们喜欢的工作方式，以及他们对某些软件和沟通媒介的偏好——有助于加强理解和协调，同时降低不确定性，避免从项目到项目的低效率。能够使用各种媒介清晰而准确地与各方沟通，是一项重要技能。在许多方面，面临的挑战是，发展一种适合公司内使用及与其他项目参与方沟通的语言。事务所的 IT 系统和其他项目成员所用系统的兼容性，将影响个别项目的营利能力，进而影响企业的财务健康。为了确保有效的进程，并协助企业为客户提供优质的服务，IT 与业务流程的全面集成至关重要。这意味着，应在项目团队组建初期就解决人员与技术的集成。也可解决兼容性问题，或至少在项目早期识别，并通过有效的进程管理缓解其影响。从项目经验中学习并在公司分享知识的能力，也将对公司产生重大影响。

第 12 章　财务管理

一个平稳运转的企业必须有源源不断的资金通过其账簿来支付工资、提供管理费和产生利润。财务是建筑企业令许多设计师感到不安的一个领域，但根据优秀会计的正确建议，设计所没有理由不能有效运作和营利。现金流对维持企业至关重要。没有现金流，就没有企业。确保进入企业的资金比出去的更多，就会获得利润。利润不足将导致企业慢慢死亡。设计经理的作用是确保项目的有效管理，以实现财务目标。这涉及运用适当的检查、控制和平衡，以定期监测企业的财务健康，识别工作流程的改进之处。

现金流和营利能力

太多的建筑师因不够重视决定利润总额及其企业健康的因素，而导致较低的收入。财务管理和会计往往只涉及簿记和完成相应的税收和增值税回款。然而，它们构成了一个更加丰富的过程，它依赖于相对准确地估计设计工作的能力，从而有效分配项目资源，并使现金流入企业。这需要深入了解影响个别项目营利能力的因素。建筑企业的财务管理是为了使金融机会最大化和金融风险最小化。正是金融驱动了企业，从而提供了实践建筑的机会。要创建和维持盈利的企业，必须做到：

◆ 根据提供的服务收取切实可行的费用；
◆ 确保稳定的现金流；
◆ 使用简单的会计制度，使财务管理更有效。

此外，还有必要向财务和商务专家寻求恰当的建议。银行为新企业提供一整套良好的建议和帮助，其中大部分是免费提供的。在公司启动前，还应征求会计师的意见，以便从一开始就实施能帮助企业盈利的措施。例如，会计师可以就如何从税收法中受益，从而减轻企业的税务负担提供建议。这可能是一件简单的事情，比如：如何依法构建建筑企业，以及哪种类型的组合（如有限公司）比其他类型（如合伙人企业）在经济上更有利。

与客户的关系，以及吸引和留住有利可图的客户的能力，是专业服务公司的关注要点。需要仔细考虑、监测和不定期调整短期、中期和长期的现金流预测。对专业人士来说，在他们开发票并收到付款前"预先"开展大量工作并非罕见。通常，从启动工作包至收到费用之间可能会间隔几个月。在此期间，需要支付员工工资和办公费用。预测工作量和现金流是非常重要的任务，但鉴于工作的性质，它们对获取任何程度的确定性构成挑战。然而，预测有助于设定财务目标、分配资源和监测进度。

盈利和亏损

来自每位客户的收入和为客户服务的成本之间存在简单的关系。主要的开支是员工的工时，因此，了解员工如何度过他们的时间是评估营利能力的关键一步。从简单层面上说，客户的营利能力是指从客户处收到的款项总额减去员工的工时成本及相关间接费的结果（图 12.1）。服务客户的成本直接来自为该客户完成工作所花的时间，它们记录于员工考勤表中。成本的计算方法是：雇佣该项目员工的成本总额乘以所花的小时数。在 12 个月内的营业利润等于来自所有客户的收入总额减去同一时期的总支出。利润是扣除所有费用后以及在缴纳任何税款前的剩余收入。鉴于合伙人或董事个人拥有建筑事务所的绝大部分，

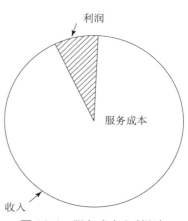

图 12.1　服务成本和利润与收入的关系

利润可能会被视为支付给业主的盈余。利润纯粹是一种会计活动，可以且必将（在法律范围内）操作，以最大限度地发挥个人和企业的税率。

设计室的营利能力在一定时段内可能会有波动，这取决于市场的实力和对服务的需求。 建筑公司特别容易受到建筑业产出变化的影响，它往往会从一个极端转向另一个极端，以响应国家和国际的经济状况。鉴于对委托服务的客户的依赖及其不确定性，如果要保持盈利，在公司的最大开支（员工成本）上必须具备一定的灵活度。这意味着企业必须被设计适应一定的灵活度，能够应对经济的迅速上扬或下滑，而不损害企业的财务状况。营利能力也受到员工贡献程度的影响。管理较好的公司为那些以正确态度帮助企业盈利的员工提供奖金计划。营利能力受到员工士气、领导水平和管理控制的影响。管理系统不能促进良好的士气，但可以帮助提供一个帮助设计室成员更容易地完成其工作的工作环境。

财务管理制度应简单、透明，有助于最大限度地提高现金流量，并促进企业财务的有效管理。账户用于提供所有金融交易的记录。其中包括企业 12 个月内的收入和开支（称为损益表），它还包括公司在特定日期的资产和负债详情（称为资产负债表）。账目将显示企业在做账期间内是否盈利或亏损。除任何法律规定外，账目是确定股东负债及股息分配所必需的，也是向客户和供应商提供的财务状况证明。当申请银行的金融贷款，以及在出售或变更合伙人时，账目也是确定企业价值所必需的。

损益表本质上是一个简单的电子表格，其中，一列"收入"，另一列"开支"。从总收入中扣除总支出，就可以看出企业在本月内是否盈利或亏损。收入来自收取的费用。支出主要包括薪金、经营场所成本、经营所需的设备成本、保险、家具和办公设备的折旧比例。

243 损益表中的数据可以用来比较企业的财务业绩和预计的业绩（预算）。

资产负债表提供了特定日期的资产和负债的纪录。资产包括固定资产（如：建筑物、固定装置及配件、设备、公司汽车等）和流动资产（包括银行的现金存款、源自进展中的工作和债务人的费用）。负债是企业对供应商和银行所欠的钱（贷款）。资产负债表还将列出企业的资金投入，如合伙人的资金或从发行股票募集的资金。

收入来源

专业设计事务所能够从各类来源获得收入。最明显的来源是建筑工程及项目管理的相关领域。不太明显的来源可能包括建筑摄影、为产品制造商书写技术性文章、建筑产品的发明和设计、教学和商业研究活动等领域。根据公司的市场定位及其成员的集体技能，有些收入渠道可能会显得比其他渠道更有吸引力，并应反映在企业战略中。

正是不断吸引工作项目的能力确保了稳定的收入来源（参见第13章）。这些年来，随着建筑师被迫放弃他们的强制性收费标准和尝试不同的创收手段，关于企业应该如何、何时、就何科目收取服务费的问题引起了很多焦虑。与其他对手的竞争也对收费水平造成了下行压力。通常，收费数额将取决于市场条件，即收取的费用被认为是在市场上站得住脚的，或更确切地说，是客户能够负担的。通常，可以发现地区间的差异及在特定的建筑类型中的变化。高级合伙人和董事的一项特殊技能是，能够以适当的水平收取费用，这需要大量的知识、经验和谈判技巧。收取的费用应逐年调整，以反映通胀和工资的增长，从而有助于保持适当的利润率。收费水平的任何变更必须在建议提出前较好地传达给客户。对

244 于预计将持续数年的项目，在客户协议中可能包括一个确定的价格调整金额。如果不可能这样，那么收费协议应包括某些项目期间成本上升的规定。

收取服务费的方式有很多种。一种方法比另一种更好，取决于所需服务的类型、客户喜好，以及设计事务所和项目的背景。无论签订什么样的收费协议，重要的是，建筑师和客户都应绝对清楚将要提供哪些服务（和不包括哪些服务），以及它们将要花费的数额。这有助于避免任何混淆、纠纷以及拖延支付后续费用的借口。最常见的收费方法是按百分比收费和计时收费。也可使用总价费用和附条件的费用。额外的费用（如去施工现场出席会议的路费、晒图费等）通常会在约定的费用外向客户收取。

按百分比收费

按百分比收费是以建筑工程的最后成本（即合同金额）为基础的。它是在提供全面服务时最常见的收费类型。收费比率将与客户讨论，并在"项目对项目"的基础上达成一致，以反映工作所需的程度。作为一个非常普遍的收费指南，新建的商业项目的收费比率约为合同价值的5%—8%；较复杂的项目（如小型住宅类项目），约为10%—15%。如果设计中

的重复程度较高，该费用比例可能会降低，以反映减少了的与建设工程最终成本相关的工作量。针对现有建筑的工作，往往因涉及额外的工作量而吸引较高的费用，常常在 15% 左右。英国皇家建筑师学会（RIBA）发布的指导性收费比例以平均成本和建筑物的复杂程度为基础。这些可能对那些缺乏百分比收费谈判经验的人有所帮助。随着合同额的增加，收费水平将降低。如果最终的合同金额减少，收费也将减少；反之，如果该项目的最终成本高于预算，收费也会增加。百分比收费的批评者声称，从设计师的利益出发，将使合同金额增加，因为那样他们将有资格获得更多的钱。这往往忽视了一个事实：建筑师是专业人士，因此必须对其工作的方方面面保持诚信。对任何参与项目的成员来说，超过合同金额都不是一个好广告，他们将付出大量努力试图在预算内交付建筑。对百分比收费来说，通常会以预计的最终成本分期支付款项，同时进行必要的调整，以反映最后达成的合同金额。

计时收费（计时工资）

计时收费往往不被客户接收，因为工作时间加起来可能会（而且往往会）带来意想不到的巨大费用。一个好办法是，在项目开始时确认一个时限，未经客户许可不得超过该时限，从而使客户和设计师在支出和收入上都有一定程度的确定性。计时收费的方式适用于提供局部服务、附加服务、专家咨询及不受建筑师控制的额外工作（如客户要求的额外工作）。建筑师事务所将根据经验水平和感知的工作价值，给不同的员工支付不同的计时工资。不同的计费标准适用于不同的工作类型。例如，法律工作通常能比一般的建筑咨询吸引更高的计时工资。作为一般的经验法则，一名职员的最低收费标准不应低于其工资总额 [包括退休金及国民保险金（NI）] 的 3 倍。以每周工作 35 小时、每年 45 周（1575 小时）为基准，如果公司员工的工资总额为每年 £50000，这就相当于每小时 3 × £31.75，约每小时 £95。计时工资将根据不同的服务和位置随市场而变化；服务越复杂、越专业化，计时工资就越高。在工作紧迫且员工加班的情况下，需要增加计时工资（如 50%），以反映增加的工资成本。这将需要与客户事先商定。

总价费用

总价费用是指在工作前与客户约定的金额，且不容谈判。有些客户青睐这种合约类型，因为它没有增加费用的风险，除非他们要求额外的工作，而这些工作将产生额外的费用。在总价合同中，客户拥有成本的确定性，但与其他收费合同相比，建筑事务所承担的风险增加了。至关重要的是，建筑师应在总价合同中包含一个意外开支，容许某些针对不确定性的条款。核算总价通常以预期完成工作的小时数为基础（也可将其与百分比收费相比较，并作出相应调整），然后在得出的数字上增加一个应变值（如 10%），以容许不准确的估算。只有在工作范围明确、时间框架固定时（两者都需与客户达成一致），才可签订总价费用协议。建筑事务所还需要为所收取的费用明确所供服务的确切性质。为了进一步明确该事项，常常还会在总价协议中定义不提供的服务内容。尽管商定一系列的阶段性付款比较常见，但对小型项目来说，总价费用也可在成功完成项目时一次性支付。

附条件的费用

附条件的费用也被称为"无粮草，无薪金"或"不成功，不收费"的协议。支付商定的费用是有条件的，必须为特定项目取得成功的结果。某些情形下可能签订这样的协议：如，有些客户会委托专业人员准备设计，使其可以尝试购买场地或得到规划许可。在签订这种协议前，需要谨慎估计相关风险（针对没有收入预判，平衡投入的资源）。在这种协议中，费用只在成功完成项目后才会支付；这就是"条件"。鉴于企业承担的风险，商定的费用将高于此类工作通常的收费标准，并且，通常是一次性付款。附条件的费用是一个高风险的策略，并且，有些建筑师并不认为这种创收方法有利于专业公司。除了希望获得服务费用，建筑师还希望进一步推进项目，并且客户会在更规范的协议形式下委托额外的服务。

招投标与谈判

无论与客户商定何种收费体系，通常都会伴随一个讨论和谈判的过程，以期寻求适合双方的最佳办法。继 1986 年取消了 RIBA 的强制性收费比例后，客户通常会邀请设计单位参与工程招标（提交费用标书）或费用谈判。很多专业公司不喜欢招投标，因为它常常被认为不够专业，尽管他们仍然期望承包商和分包商能进行工程投标。从更实际的层面来看，费用招标之所以不受欢迎，是因为它要求建筑事务所在没有任何成功保证的前提下承担大量编制标书的工作。这对公司的资源造成了额外的压力。一家客户常常至少邀请三家同一专业领域的公司参与招标，因此公司会发现自己正与其他公司在竞争。根据项目规模和客户需求，编制一份完美的投标文件将花费员工大量的时间。投标书所需资料的数量和类型在不同的客户间会有所不同。基本上有两种投标方式：

◆ 单一费用标书。该标题有点欺骗性，因为除了期望提交承担指定工作的费用及完成工作的计划外，还期望公司提交其跟踪记录的细节、质量体系的细节，以及员工的资格和经验。

◆ 附设计的费用标书。这通常要求提供和单一费用标书相同的资料，而且还会涉及一些设计工作。设计工作的范围和性质在不同的客户和建筑类型间会有所不同，但客户要求提交商业项目的平面图和立面图并不少见。显然，这将涉及很多令公司得不到费用的工作，并且，作为一般的经验法则，附设计的标书的费用将至少花费 3 至 4 倍于编制单一费用标书所需的精力。

费用招标是一项耗时的活动，但如果事务所有一个良好的过往项目数据库，能够比较准确地估计设计工作，并有相关的财务数据的数据库，就可比较有效地进行。对小型设计公司来说，费用招标必须纳于创收工作内；大型公司通常至少雇一个人来做费用投标，它属于公司的营销活动，并花费相应的成本。有一个共同的误解：最便宜的竞标价会获胜。除了有关事务所能够有效、专业地执行项目的保证，所有的客户都需要经验、专业知识和创造力的组合。费用谈判也是一项耗时的活动，但不如费用招标多。

客户将权衡成本与性能，因为大家普遍认为"一分钱，一分货"是真理。通常，客户的评判及随后的决定，主要基于机构的以下方面： 248

- ◆ 以往的经验（借助过往项目来演示）；
- ◆ 目前的专长和创造力（通过当前项目来验证）；
- ◆ 分配到客户项目上的人员（经验、专长，以及均衡的创新、技术和管理技能）；
- ◆ 管理的智慧，有效执行项目的能力（以规定的时间、预算和质量标准）；
- ◆ 财务的稳定性。

客户会想知道建筑事务所能给他们的项目增加什么价值。在此决策过程中，费用并不一定是最重要的，因为通常会在决定采用某家公司后再来讨论细节，即，费用谈判。从建筑师的角度来看，技能将设法满足客户及其需求以匹配收费的水平。建筑师还需评估客户的意图以及与其合作的利弊。会见并讨论收费水平是初步评价客户的好机会，如果担心该客户可能无利可图，就该拒绝此工作。

开发票和现金流

必须有目的地规划与设计所资源相关的项目的开始和结束，从而确保为员工提供稳定的工作及相对稳定的收入来源。及时开票有助于促进现金流动、减少借贷需求。不同的项目很可能会对费用支付计划作出不同的安排。通常，发票与项目的里程碑或定期（每月）的分期付款有关。制定和维持定期的付款计划将大大帮助财务计划和工作量计划（图12.2）。努力确保每个月都有相对稳定的收入，将有助于保证工资发放和支付供应商的款项，而无需从银行贷款。

收费管理受到公司的管理方式及合伙人与客户关系的影响。显然，通过定期对话和提 249 供优质服务，保持良好的客户关系，会给企业带来益处。高级合伙人及董事必须确保其客户充分了解和认同收费协议和阶段性付款的日期。每个事务所都应就其商务条款有个明确的政策，这也许有助于获得即付款项。

所有的建筑事务所都需要一个简单而明确的会计制度。收费发票必须清楚、简洁地说明所做的工作、所欠的金额和支付的日期。发票必须及时开出（如有约定，就从约定日期），并且，任何逾期付款都应即刻标记出来。有些公司对滞纳金收取利息，并作为一项标准政策；有些公司则因担心损害客户关系而不愿使用该政策。不论何种政策，都应在收费协议签订时明确、清楚地传达给客户，而不是在事后。不幸的是，即使最简单的发票，也常会

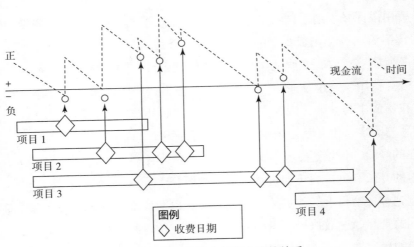

图 12.2   项目组合与现金流的关系

遭到客户的质疑，从而拖延付款。为了避免（或至少限制）这种行为，至关重要的是，发票不要呈现为难以理解的形式，而要简洁地说明所做的工作和应付的金额。

债务追偿

250

　　太多的小企业因逾期付款引发的现金流问题而导致失败。这适用于所有企业，从建筑师、工程师，到承包商、分包商和专业承包商。研究显示，只有约三分之一的客户会在 30 日内结清他们的账户，大公司则介于 45 日至 60 日。有些客户会尽可能延期付款，即使没有充足的理由这样做。这意味着，要对现金流采取务实的态度，并利用可靠的会计制度，努力追讨债务资金。企业还需采取积极措施，确保尽可能多的资金在 30 日内支付，以促进现金流并减少借贷。追债需要制定计划，并针对所有客户采取商定的策略。会计师将提供这方面的建议和指导。企业必须随时准备采取法律行为，而不是退缩。通常建议，由行政人员承担追债任务，而不是获得费用的合伙人或董事。建筑师和设计师将全情投入他们的项目，但对追债无能为力，他们的专长并不在此。在大中型事务所，可能会雇佣兼职或全职的财务管理人员；对小型公司来说，可能有必要外包这项工作。与重复性客户打交道时，对其以往支付习惯的了解，可能使我们更容易预测其偿还债务的速度。应尽可能避免已知的不良债务人，因为他们不太可能成为有利可图的客户。

控制开支

　　创收必须与支出相平衡。其目的是要盈利，并留于企业，这只有通过严格的支出控制来实现。这意味着，应采取谨慎的方法考虑如何雇用和利用员工，如何利用空间，以及如何将办公费用保持在合理的限度内。

人员使用

熟练、敬业、热情的建筑师、技师、技术员、项目经理、设计经理、行政人员和秘书是昂贵的资源，并且，有效利用他们的时间至关重要。这意味着，进行某种形式的时间规划和管理，及仔细思考员工所需人数与如何聘用他们。对很多小型设计事务所来说，只在需要时聘用人员可能是个明智的政策，可通过外包一部分工作或雇用（固定期限的）临时人员来实现。在建筑和工程行业使用合同工非常普遍。加班是另一个应对临时增加的工作量的方法，但这必须以给员工替休或支付加班费的方式来弥补。与工资相关的成本包括国民保险供款（NI）、养老金、私人医疗保险、专业协会会员费 [如建筑师注册委员会（ARB）、英国特许建筑设计技师协会（CIAT）、英国皇家建筑师学会（RIBA）]，以及具体的特殊待遇（如公司提供的轿车）。

一年内能向客户开具发票的工时数取决于支付给雇员的工资、他们在公司的职位及对他们的有效利用率。这通常被称为"可计费工时"，或"公司的能力"。可计费工时提供了"有可能收入的费用总额"的有用指标。以一家 5 个人的设计所为例，每名员工每周工作 35 小时，每年平均工作 45 周，共 1575 小时 / 年。每位员工 12 个月的利用率类似于表 12.1 所示。

人员利用率　　　　　　　　　表 12.1

	利用率	可计费工时（h）	计时收费	预计收入
合伙人	30%	472	£160	£75520
助理合伙人	50%	787	£120	£94440
建筑师	80%	1260	£95	£119700
技术员	80%	1260	£95	£119700
学员	50%	787	£30	£23610
			12 个月的预计收费总额	£432970

费用收入 = 可计费工时（能力）× 计时收费（价格）

合伙人预计会在吸引新业务及战略管理工作上花费大量时间，因此，其利用率将约为 30%。（有些事务所假定其高级合伙人将不产生任何"可计费工时"，并将该因素考虑在经营成本内。）助理合伙人将有一定的办公 / 设计管理 / 项目建筑师的职能，利用率可能为 50% 左右。建筑师和技术员将有望在"可计费工时"方面成为利用率最高的人，两者均为 80% 左右，还有 10% 的行政时间和 10% 用于培训 / 专业更新的时间。学员们在最初几个月内的利用率相对较低，但在设计经理的充分支持下，该指数应该会迅速增长到 50% 左右。该计划的问题在于没有考虑员工生病，也不允许客户不全额支付发票。所以，上述指数可视为对费用收入的乐观预测。然而，就公司的财务健康而言，它是一种非常有用的方式，有助于确保员工的良好平衡。

所有员工都应尝试找出不良习惯（浪费），并在日常工作中消除它，从而使整个过程更高效，也使设计所的全体员工更有效率。浪费时间乃至金钱的方面，在日常活动中随处可见。"典型的"是，浪费时间去寻找项目文件和重复别人已经做过的工作。这可以通过良好的数据管理系统、监测时间表上的数据，以及设计经理的四处察看，来解决。在管理良好的设计所，所有员工都清楚自己的对外收费标准及其在特定工作上所要花费的时间。这使得个人更容易管理其工作量以达到预定目标，虽然设计经理可能需要不时地提供支持和鼓励。

真实与虚拟的办公空间的成本

个人工作的环境将影响他们的生产力、创造力和幸福感。即使很多专业人士远程工作，对专业事务所来说，维持一个必须付费的实际的办公空间仍然很常见。空间规划和管理是一项有助于在有限的可操作性和经济极限内保持空间总量的有益工作。灵活和精心地设计
253 工作室可以大大帮助维持合理的空间成本，从而帮助企业保持经济竞争力。有多种可选方案，其中包括：

- ◆ 购买办公空间（一栋建筑，或建筑的一部分）；
- ◆ 租用办公空间（共享设施可能是一个更便宜的选择）；
- ◆ 在家工作（可能适合非常小的公司和一些受雇于大公司的员工）；
- ◆ 作为一个虚拟办公室（可能有一个小型总部提供实际的办公室）。

管理费用

企业要发挥功能，除了人员成本和办公空间成本外，还有一个必要的设备费用。其中包括基本的必需品，如固定电话线和移动电话、互联网接口和网页的存取、计算机的硬件和软件、企业内网和项目网站的维护费、打印机、笔、纸和绘图设备、办公家具、文件柜等。汽车是另一项开支，无论租用还是购买。小型企业通常要求员工提供他们自己的车，且该车必须被投保用于商业目的。财务补偿则以每月的行驶里程数为基础。大型企业通常会提供公司的车。

保险是法律上的必要手段，并且，将其纳入成本会大大增加企业的运行成本。建筑企业必须有专业赔偿（PI）保险、公众责任保险、雇主责任保险、房地和财产保险。其他保险费用还涉及公司的汽车保险及员工福利（如健康保险）。保费通常会随保险年数而增加，并且必定会随索赔的增加而增加。

财务监控和评估

财务数据的监控和评估是一项重要的活动，必须为其分配一定的时间。应在计划的时间间隔，对照事先商定的战略评估公司的表现。可能需要调整以适应不断变化的情况。大

多数事务所每周都会监控事务所的经济脉搏，更新项目预算（包括新项目、延期项目、完工项目和有问题的项目 / 客户），以及更新人员成本和管理费。财务监控和评估的目的在于：

254

◆ 评估项目对既定目标的实现程度。这应涉及事先确定的设计、计划、资源、预算、利润和客户满意度。

◆ 考虑改进工作方法。目标可能已经达成，但工作方式可能还存在有待改进的地方，这会使未来的项目管理得更有效、更有利。

◆ 优化资源使用。公司是否有效管理了现有资源？公司成员的个人才能是否得到了优化？

◆ 根据市场份额评估企业目前的市场占有率。

数据收集——时间表

精心设计的成本核算系统对监察各项工作的进展、评估设计公司的整体效率并帮助识别需要改进的领域，至关重要。需要有一个收集和分析财务数据的机制，可以用来计算客户（或项目）的营利能力。最常见的用来收集信息的工具是员工时间表，这可以通过电子方式完成，并用简单的计算机软件来分析。从时间表上收集的历史数据提供了有用的信息，它告知了估算的设计工作量、预算及费用水平。

设计事务所对时间表的使用存在很大差异。有少数公司并不使用它们，而宁愿基于"进入企业的收入减去支出后的总金额"来监测成本，并严重依赖主观决定。某些情况下，这是一个财务管理不善的信号，尽管有些非常小的事务所能够且的确非常乐于以这种方式来操作。有些公司虽然使用了时间表，却未能最大限度地利用收集到的信息。他们只是简单地将时间表用作确保员工每周投入所需工时数的粗暴方式，却错过了关键的要点。在项目结束时，也许会对数据进行分析，虽然它很可能被忽略，除非出现了问题或造成了项目亏损；再者，这并不是对收集来的信息特别好的利用。高效的设计事务所能够认识到，分析时间表上的数据来定期监测企业财务脉搏的好处。

255

时间表的格式应尽可能地简单，且不失关键方面的信息。很容易将个人花费在项目特定阶段的时间收集并输入电子表格中，然后进行分析。同样，在其他事项（如职业发展、假期和病假）上所花的时间也需记录在案，以完整记录个人的计费工时。应定期（如每月）分析所收集的数据，以评估客户和员工的营利能力。

客户的营利能力

分析为客户服务所花费的时间总额，提供了与费用收入相对比的成本（包括所有的管理费）。需要谨慎安排进行这类计算的时间，因为公司与客户的关系会经历不同的阶段。攫取项目过程中某一刻的状况可能会产生误导。抛开营销成本（含在管理费内），还有这样一些成本：工作的宣传、与客户的初步接触，以及为确保客户和设计所的默契配合而对利益和价值观所做的探讨。还需花时间了解客户并确保佣金。在许多情况下，这可能是一个漫长的过程，因为客户会在产生任何收入前评估各种备选方案并对设计所提出要求。第二阶段涉及早期团队组建和早期简报阶段的方方面面，期间客户和项目成员彼此越来越熟悉。就像启动阶段，这涉及高级员工，他们的时间是宝贵的，而在这些方面，很多设计公司会低估增进关系和建立信任所需的时间。一旦通过该阶段，项目就进展到了设计和施工阶段。此时，需要仔细监测客户投入的水平和服务协议商定的水平（图 12.3）。在项目生命周期中，很多因素超出了客户和设计所的控制范围，例如，因获取规划许可而造成的延期及对额外信息的要求会消耗计划外的资源。同样，与承包商的分歧和争端也会造成资源的消耗。

256

图 12.3　客户的营利能力

　　客户对设计公司的要求各不相同，有些客户会要求得到比他人更多的关注。那些初次接触设计公司及那些经历自己的第一个建设项目的客户，通常会比那些与设计公司相熟并有一定经验的客户，要求更多的关注。这意味着，必须设定合适的收费水平，以便有时间增加或降低互动水平。绝大多数的客户是诚实的，他们带着善意和诚信进入一个项目，通常会按时支付费用。只有少数客户不怀好意，最好能避开他们，但也许很难察觉，待发现时往往为时已晚。有些不择手段的人试图利用专业人士来赚钱，找借口不支付工作费用，并威胁采取法律行动。幸运的是，建筑事务所的经理往往善于警告其他事务所的同仁小心这些人。

员工的营利能力

　　人员成本可能高达设计公司总开支的三分之二，因此，需要深入分析时间表、监测创收（向客户收费）工作及与管理费相关任务上的时间。在某项任务上，公司的某些成员

会比其他人更有效率（这一点适用于所有员工，包括高级经理和辅助人员）。早些时候的 257
观点认为：设计经理要有能力将合适的员工分配给合适的任务，从而确保员工满意，并帮
助设计所盈利。这项工作借助准确的信息会变得更加容易，它们构成了决策的依据（图
12.4）。每个员工都会为项目的每个阶段设定一个不得超越的目标工时。数据分析还应从
员工的具体看法出发，识别哪些员工完成某项任务比他人更快或更慢，以重新定位他们的
职责。例如，比较个别建筑师和技术员在以往 5 个项目上各个阶段所花的时间，可能会有
启发。个人在每项工作的特定阶段所花的时间，往往各不相同。假设有实力的公司能够充
分发挥其优势，尽力减少其弱点，那么，将员工分配至其最精通的工作，或为其提供额外
的培训和教育，就是明智的。只有在获得可据以做出明智决策的数据时，才能做到这一点。

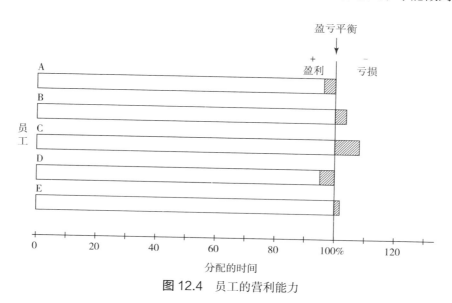

图 12.4 员工的营利能力

危机管理

258

偶尔的危机不可避免，所以要有所准备。一个应急计划将有助于减轻灾害造成的财务
影响，使企业能尽可能正常地运作。客户清盘、因突发疾病或严重意外导致机构损失关键成
员，以及因火灾或盗窃使办公空间受损，都是意想不到的事件，都将对企业造成重大的影响。
面对突如其来的危机时，我们往往会随机应变；但明智的做法是未雨绸缪，以保持业务的
连续性。问题往往发生在最不恰当的时刻，且往往属于这三个方面：经济、人员和物质。

◆ 经济。经济灾难往往因机构难以控制的事件造成。典型的例子是，国家经济的迅
速下滑导致的客户活动低迷，或客户清盘和不支付其费用。

◆ 人员。我们尽量不考虑员工因病长时间离开公司，也不考虑关键人员不幸死亡的
问题。鉴于员工对企业福祉的重要性，有个能让机构正常运作直至找到合适的替

任者的应急计划至关重要。长期病假的员工需要用临时工来替换，这是破坏性的，也是有代价的。董事或合伙人的死亡将影响企业的构成，这可能需要很长时间来解决。

◆ 物质。其他灾害实际上可能相对无害。一场暴风雨损坏办公室的屋顶，可能仅仅是让足够的雨水进入办公室，摧毁了大量的图纸和重要设备。更大的威胁是设备的失窃，以及火灾、人为破坏和恐怖主义造成的损失。计算机系统的临时故障可能会造成很大的混乱，并导致错过最后的期限。

如果有一个能尽快恢复正常服务的计划，大多数客户、供应商和员工都会表示同情和理解。如果没有及时的应变计划，且他们的项目被认为受到了损害，那么他们将很难包容。

危机修复计划

259

需要商定、实施，并定期审查应急计划对不断变化的条件的适用性。需设置一个由公司最了解整个业务的人组成的危机管理小组。应有专人负责制定计划，并告知机构所有成员。至少应考虑以下几点：

◆ 在实际办公空间不可用时企业的办公地点；
◆ 接入电话线和电脑；
◆ 硬拷贝 / 数字化拷贝场外持有的和容易获得的基本信息；
◆ 如果关键人员突然丧失工作能力，委任接管人员；
◆ 应对无力（或拒绝）支付费用的客户的策略。

以下文件的复印件应保存在总部办公室的其他地方：

◆ 所有员工、供应商和客户的联系方式；
◆ 机构 IT 系统上所有信息的副本；
◆ 与企业相关的财政和税务事项的副本；
◆ 与个别职位相关的法律文件；
◆ 与企业相关的法律文件。

所有这些信息都必须不断更新，并且，必须认同并坚持有计划的定期审查。不能把该任务当作一个耗时的负担，应将其视为定期审查业务计划的契机，并期待自动复制数据的新技术。节省成本的潜力可以抵消灾难恢复计划的成本。有明确计划的机构还可能得益于降低了的保险费。

事务所到项目的接口

公司的营利能力将在很大程度上取决于在个别项目上工作的人员的表现。顺利运行的项目将比那些磕磕绊绊的项目消耗更少的资源（人员工时）。如果事情进展顺利，顺利运行的项目能按进度开出发票，并有较高机会得到及时支付。当项目生命周期中出现意外问题时，将需要花时间来圆满解决它们，这往往会牵扯设计所内其他更有经验（也更昂贵）的成员的参与，而他们的工作时间并没有被纳入计算范畴。当人员被重新分配时，其他项目会受到影响（虽然这只是暂时的，为了尽快解决问题）。问题的发生也往往会导致延期开出发票，并使客户代表不愿及时支付（这并不奇怪）。因此，个别项目的成功与否将对现金流产生积极或消极的影响。这涉及项目早期阶段的成功，在此阶段，项目团队得到组建，简报得以形成。在投入项目前需要对预计的客户营利能力和项目营利能力进行评估。对客户说"不"需要极大的勇气，但这对事务所的长远利益及其持续的营利能力来说也许是必要的。

第 13 章　吸引和留住客户

如果客户对所提供的服务不甚了解，那么，发展一家具有创意、活力、竞争力和管理良好的设计所就没有意义了。有效宣传机构及其提供的服务是吸引和留住有利可图的客户的根本。推广强大的个人信息（品牌）是有效营销的关键要求，它有赖于向客户传达的公司文化和价值观。这不是一个单向的过程；客户将积极寻求那些在他们看来可以帮助他们实现自己梦想的专业人士的信息。本章所用的"客户"一词，是指向建筑师事务所委托工作的个人或组织。这可能是该建设项目的投资商，也可能是独立的项目经理或承包人。作为设计事务所和客户之间的交界角色，设计经理将通过定期与公司以外的人的互动，促进公司的业务。与现有客户沟通并试图获得潜在客户的关注，将是设计经理的一个重要任务。

提升品牌形象

企业需要先知道自己的品牌及独特之处，再在营销活动中投入时间和金钱。向客户和项目参与者传达的核心价值观是什么？如果对这个问题给出一些明确而准确的答案，那就是开始提升品牌的时候了。

营销活动应构成企业商业战略的一部分，也是其组织文化的一部分。公司所做的一切都有促进公司形象的辅助作用。在给客户演示设计、管理会议、诊治问题等工作中的态度和方法，都是促销活动的一部分。每一封信、每一个电话、每一张图都说明了设计事务所的某些方面。这些信息结合起来，给公司外界提供了关于公司如何处理业务各环节的信息。

所有客户，不论其经验水平如何，都会对建筑公司是做什么的有所见解，正如他们对结构工程师或总承包商的工作内容有所认识一样。他们的见解各不相同，取决于客户与建筑事务所的来往程度，以及与他们沟通过的公司类型。对许多人来说，"建筑"一词就是设计的代名词，因此，建筑公司提供包括管理在内的多种服务，既有一站式服务，也有单项服务，建筑公司也许会发现，向客户推销其服务会因他们不熟悉该服务而遇到某些阻力。在高度竞争的环境中，专业的界限是不固定的，重要的是，建筑公司要有能力从竞争中脱颖而出。

客户和设计室的独特关系类似于一个求爱仪式—— 一个关注"追求"的过程，一旦接触，就有了初步的互动期，在此期间，各方尝试建立共同的价值观及信任的基础。求爱仪式的理想结果是，开启一段能令双方增加信任并互相尊重的工作关系。随后，这一关系被固化为某些形式的服务合同，但会继续延伸至项目之后，并常常带入新的项目。随着时间的推移，设计单位将发展项目组合，并巩固与各类客户的关系。

客户与设计公司的关系将经历四个相互关联的阶段：

♦ 与客户接触之前的营销活动。在很大程度上，企业依赖于客户来寻找他们，并且，营销活动对帮助提升设计公司在目标领域内的形象非常必要。该阶段针对企业的市场知名度，并给客户传递有吸引力的信息，使他们来接触建筑公司。 263

♦ 与客户接触后，签订服务合同前。这是一个关键阶段，在此期间，客户和建筑师试图让价值与所需的服务水平相匹配。这依赖于客户和公司高层间的人际交往。对话是用来测试各方在给定的参数内执行特定任务的能力。

♦ 项目进行期间。与客户在发展和实现项目过程中的互动，是保持主人翁意识和相互尊重的重要手段。密切的接触可以协助讨论和解决出现的问题。

♦ 项目完成后。建立重复性业务与公司（和其他参与方）在项目上的表现密切相关。并且，它还将受到建筑企业与客户及竣工建筑的用户保持联系的频率的影响。

客户的视角

客户有一定的识别能力。他们在项目上花费了大量的金钱和精力，在签订有约束力的合同前，自然会要求某些形式的保证。客户还期望获得与公平的费用相当的出色业绩，并且，大多数客户会付出大量精力将顾问的选择缩小至少数潜在的项目合作伙伴。通过市场研究，客户希望发现管理良好、协调、一致和可靠的企业，而不是一组在不同方向拉扯的专业人士。事务所向客户传达的形象将促使客户做出与该事务所进行对话的决定。客户不仅希望与公司的主要人物（通常是总经理）取得联系，而且希望了解为其项目工作的员工，即整个公司的概况。公司给外界的信息需加以管理，包括生产的图纸、办公室的装修，以 264
及办公室接待员处理电话的方式等。通常，客户希望了解的细节有：

♦ 公司的历史记录。经营年限，创意和交付方面的信誉，项目的相关基准和其他业绩指标，以往客户的资料等。

♦ 项目组合。包括已完成建设项目的详细资料，其中包括预算、进度表，及相关图纸和照片。还包括进行中的设计和施工项目（尤其是客户信息）。

♦ 客户组合。公司过去和现有客户的名单（如果有的话）。客户的推荐有助于提供企业卓越服务的证据。

♦ 人员组合。这应包括所有员工的学历以及培训和职业更新和详情。应突出特殊技能和能力。

♦ 沟通技巧（以及回应质询的速度）。

♦ 经验、动机、成熟度和情感能力（主要通过与设计所成员的会谈来感知）。

- 精益过程和程序的证据。
- 公司的财务安全。以银行资料为证。
- 健康与安全政策。
- 保险。
- 质量管理体系。

这些信息部分可在公司网页或其他宣传资源上获得。更详细、商业敏感度更高的信息只有在客户与公司开始对话后才被公布。

核准的名单

在选择最合适的顾问时需要极其谨慎。有些可能是客户机构通过以往的项目和战略伙伴的倡议得知的，其他可能是新的，且构成行为和性能方面的未知个体。拥有大量资产组合的客户通常会操作一份经过核准的供应商名单，并列明具体的门槛要求，即在顾问公司被考虑承接工作前必须满足的要求。例如，"使用公认的质量管理系统"很可能就是条件之一。

- 现有顾问。业绩需要证明，即，需要测评和分析。将在提供经济价值的能力、解决项目期间问题的方式、创意水平和创新意愿，以及一般的工作热情等方面评估顾问。
- 潜在顾问。新的顾问常常会面临两个障碍：他们不仅要向客户证明自己的执业资格，往往还要赶走一个现有的服务供应商。因此，客户希望知道，新顾问能够提供哪些比现有服务更好或更特别的服务。以往的业绩可通过证明书和基准信息来核查。

建筑师的视角

除了试图从客户的角度看待企业，重要的是，还应询问几个有关客户组合的问题，既有现有客户群，也有机构希望吸引的客户群。一个均衡的客户组合有助于缓解某一领域突然衰退的风险，也有助于缓解企业的金融风险。这意味着，营销活动需要针对不同的细分市场或客户类型，这意味着需要付出努力，以吸引经营于陌生的市场领域中的新客户。提供客户所希望的服务，是发展和保留盈利业务的根本。需考虑两种不同的客户群体：现有客户和企业希望吸引的潜在客户。在针对特定的利益群体进行营销前，需要对客户的营利能力进行评估（见第12章）。如果客户不太可能盈利，那么尝试与他们沟通显然是浪费资源。

- 现有客户。向现有客户推销往往被专业公司视为理所当然，而且，这代表了最有可能的新业务来源。现有客户需要加以培育，并且，发展现有客户周边业务所做的努力大都具有人际交往的性质，并能获得有针对性的宣传材料的支持。当然，这是双向的；很多客户不愿每次在他们要进行建设时都耗时地选择新的顾问，所以他们也热衷于保留关系以便为新项目做好准备。在设计事务所努力使客户成为公司文化的一份子时尤其如此，它需要客户及公司的共同投入。同样，客户的密切参与是建立基于互信的长期关系（如战略伙伴与联盟）的必要条件。

◆ 新客户。吸引新客户需要付出不同形式的努力，并要求更多的资源。一些研究表明，吸引新客户将耗费 10 倍于现有客户所需的资源，尽管该数值难以精确衡量。很多有利可图的潜在客户可能已经建立了关系网络，所以，设计公司必须意识到，它将要赶走一个竞争对手。对于像建筑师事务所这样的专业公司来说，需要谨慎行事，不违反《行为守则》，该守则明确规定建筑师不得试图获取其他建筑师的工作；其他专业人士当然也得公平行事。

新客户是一个未知个体。有关他们需要什么信息以及将与设计所如何互动存在某些不确定性。作为经验规则，与现有客户相比，新客户在初步接触后将至少需要两倍的努力来发展工作关系。客户将期望专业公司实现其承诺，所以促销活动必须符合所提供的服务。无论促销活动成效如何，提供不够优质的服务，每次都会造成很大的损害。保持和提高声誉是专业服务公司成功的关键，也是宣传工作的核心。

与客户沟通

与许多其他专业服务公司一样，当提到营销时，建筑师事务所曾经为他们的自满承受了相当多的批评。这往往被视为是理所当然的，然而传播一致的企业（品牌）形象是令公司区别于其他提供同类服务的公司的方式之一，并且，近年来，这一问题已得到更多的重视。机构必须在设计和实施任何营销策略前"知道自己的业务"。更确切地说，公司文化必须在策略实施前被设计并达成共同的目标（短期的和长期的）。每个公司都有自己的文化，该文化通过深思熟虑的政策（经过设计的）与环境（偶然的）相结合而得到发展。这反映在单位对企业形象或特征的传播中。

企业特征关系到它的客户（包括现有的和潜在的）、雇员和服务供应商、竞争企业（建筑师和其他专业服务公司）、项目利益相关者、建筑界及公众是如何认知企业的。认知将建立在对其提供的服务、其设计的建筑外观、公司文化及其通过营销活动表达自己的方式的体验上；它的影响力远远高于公司的标志及网页。其形象应与名字持续和一致地融为一体。

图形传达是建筑公司的特点，往往构成其品牌形象的一部分。它的文化和企业形象反映在书信、报告、效果图、详图、合同文件及专门设计的营销材料中。作为企业形象的一部分，图形传达应该有较高标准，但更重要的是，一致性。很多公司意识到，通过它们的图形和建筑风格传达企业形象的重要性。有些公司则不太重视，采用不一致的（也许是业余的）方法来处理他们所生产的信息，换句话说，它们正在发布一个存在混乱可能的信号，这也许会被客户视为管理不善的公司的特点。建筑设计师花费了大量时间来生产信息，其他人则根据这些信息来建造实际的构件。然而，竣工建筑通常会以图形方式突显出来，用于宣传设计机构对现有和潜在客户的服务，而不是图纸和规格说明。

企业形象应将企业的所有活动与一个易于识别和令人难忘的形象联系起来。企业形象的建立需要时间，并且，不可避免地会随着企业自身对市场变化的回应以及与其客户和项目合作伙伴的互动而改变。企业形象一经设计和认同，就可采用各种促销工具来提高知名度，并向现有和潜在的客户传播信念和价值。公共关系、市场营销和广告效应是相辅相成、相互依存的对外沟通方式。

公共关系

公共关系涉及外部沟通渠道的管理，其中营销和广告是关键要素。公共关系应被视为公司及其客户间的沟通管理，这是一项复杂而艰巨的活动。为了取得成效，必须谨慎考虑、精心设计、策划和实施公共关系信息。公共关系最常见的是与新闻界的关系，涉及新闻稿和专题文章等形式。新闻稿本质上是新闻条目，如关于新合同或项目竣工的新闻公告，并通常针对本地观众和专业利益集团。这些新闻稿件必须在一定程度上引起其目标所在的报纸或杂志的读者的兴趣，否则它们将遭到拒绝且白费精力。专题文章长于新闻稿，可以更详细地叙述主题，通常刊登在专业报刊上。文章的提交可能是投机性的，尽管有时也会受到杂志的委托。另一种形式的公共关系涉及对与公司专业领域的任何活动相关的事件的赞助。这些事件通常是建筑公司物质基础的一部分，或与特定的市场定位相关。赞助活动可能有助于通过相关营销活动提升公司形象；他们还提供了一个可以让人们面对面互动的论坛，这可能会带来新的业务。

市场营销

市场营销的主要目的是使设计公司的服务引起客户关注。在建筑界，这种活动通常被描述为"吸引"或"获取工作"；其他行业则更喜欢和适用"促销"和"营销"等词。市场营销涵盖了识别和发展服务以配合（或创建）市场需求的战略。这是一个以面向客户需求和希望的公司定位为基础的经营理念。其目的是令客户满意，并赚取利润。这包括利用市场研究来帮助对准新的市场、确定新的服务内容、识别竞争对手，从而适应不断变化的市场条件。在专业服务公司，营销受到公司经理、合伙人和董事的市场意识的影响。

广告

实施创意传播战略（往往是在媒体宣传活动中）使服务引起客户的注意被称之为广告。广告主要关心提高知名度，通过它，客户也许会（也许不会）决定与设计所联络。广告活动的设计应反映一般的营销策略，并与公司的形象相吻合。公司可利用广告提高知名度，并从竞争对手中脱颖而出，从而建立和维护公司形象。直到1986年，建筑业一直受到其自身的《行为准则》(Code of Conduct) 的限制，即使是现在，仍有很多业内人士认为，广告不是专业人士该做的事。这种谨慎是可以理解的，但广告履行了保留在其他活动中的同样的专业精神，它是专业服务公司竞争战略的重要组成部分，也是企业在竞争激烈的市场中生存的必要手段。广告活动花费巨大，对它们的功效一直存在某些争议。

选择性曝光

只有某些信息会传递给他们预期的受众，因为每个人都会行使"选择性曝光"，以帮助应对信息过载。如果一位潜在客户近期不打算购买房子，他很可能不会打开建筑师的宣传材料，因此在营销中有一定的运气因素，也就是说，要有与需求相吻合的意识。有必要保持一个恒定存在的信息，以便客户在决定创建信息时，它们是存在的。

促销工具

促销工具有助于引起潜在客户对公司的关注，同时也会增强现有客户对它的印象。引起关注和提高知名度尤其重要，因为，如果客户不了解公司或公司所提供的服务，就不会去考虑它。可以使用很多久经考验的营销工具，包括企业宣传册、简讯和直邮活动等。基于网站的网页是非常流行的传播企业信息的方法，尽管这有赖于客户积极地搜索网页，并抽空阅读它上面的信息。

尽管随着印刷技术的进步，普通的宣传册或简讯不必占用大部分的营销预算，但纸质文稿仍需花钱来制作。电子简讯和网页为企业宣传提供了另一出口，尽管类似规则同样适用于它们的可访问性和相关性。下面所列的策略有赖于潜在客户能看见那些宣传文字，关注它，并决定与建筑公司取得联系，也就是说，它们依靠一定的运气（例如，在适当的时候登陆客户桌面，或者在网上冲浪时很容易被搜索引擎发现）。不论使用何种策略，企业形象必须保持一致。公司名称和任何的企业标志应与公司的地址和电话号码（及相应的联系人姓名）一起包含在任何文稿的正面和背面。在主页上发布和张贴的文稿的质量，将影响它的阅读量，也会影响读者对公司的看法。文字资料是公司宣传工作的一部分，需要慎重考虑，因为它将被广泛接受，并且不到10秒就可传达一个信息。这些资料还应送交英国皇家建筑师学会（RIBA）的本地分会，并包含在客户咨询服务（CAS）的数据库中。

另一个重要因素是设计所回应客户查询的反应速度。这通常由一位资深合伙人来完成（在秘书的协助下），并且，当以电子文件（如PDF格式）提供相关信息时会变得很快。这是重要的第一次接触，它将告诉查询者很多有关企业的信息。迟缓的反应会发出错误的信息。

270

主页

很少有企业没有基于网站的主页，而且客户都希望能看到。网站的设计、维护和更新是给观众传递信息的关键。同样，当人们在网上进行搜索时，搜索引擎找到网页的能力也至关重要。客户可以从其网站知道很多有关企业的信息。一个界面华丽、夺人眼球、易于浏览、内容丰富且带有最新资讯的网站是管理良好的设计公司的象征。设计不当、难以导航且带有过时信息的网站传递出不好的信号，无助于吸引客户。在启动和更新网站前考查竞争对手的网页内容及其网站浏览的难易程度也许是一项有益的工作。好的网站需要投入大量资源，很多设计所通常谨慎地将网站的设计外包给网页设计师。尽管这看似一个昂贵的选择，但它可以让员工有更多时间去做有效益、能创收的工作。和印刷资料一样，公司有赖于潜在客户或客户代理人的信息搜索，因此，获得正确的关键词至关重要；其中的危险是，仅仅因为搜索引擎无法找到网页的详细信息而始终不被发现。

网站的维护和定期更新应分配给公司内能够胜任的员工，并将资源（尤其是时间）分配给该任务。需要更新旧新闻，添加项目说明、图纸和照片，以及更新成果和奖励，以反映企业的持续发展。

公司宣传册

公司宣传册是由建筑师使用的最重要的宣传工具之一，很多设计所在第一次接触潜在客户时仍然使用该册子。提供印刷的宣传册变得越来越不常见，尽管它们可以非常有效地辅助与客户的人际互动，尤其是为某个特定客户专门定制时。公司宣传册是可触知的，并且，很多事务所认为，这是一个有用的工具；但是它的制作费用昂贵，因为其内容将根据特定客户量身定制。另一种方法是将公司宣传册上传或融入公司网页（必要时可以打印出来）。重要的是，宣传册应精心设计并针对潜在客户。它应包括公司的历史简介、公司的价值观和使命陈述、重大项目的详细资料及所供服务概览。设计理念及公司使命陈述（有时两者合并）也应包括在内。其文字应简洁、直接。应明确地向客户阐明公司的竞争优势，以彰显公司独特的工作方式，并令其从其他对手中脱颖而出。

简讯

直邮（通过邮寄和电子邮件）是一种针对特定受众的促销工具，例如销售信函（其用途对专业服务公司来说，可能存有疑问）和时事简讯；这些工作最好在电话随访后进行。简讯的制作成本比宣传册便宜，而且当它们重点突出、生动有趣时最有效。常见的错误是，试图向太广泛的对象说太多。简讯应在书写前先明确目的。是坚持向现有客户通告公司内部的发展情况？还是想提高其在新客户／市场中的知名度？这是一个重要问题，因为针对特定的观众，内容可能有所不同。使用简讯重要的是，要保持使用频率（如一年两次），以便让客户知道，公司依然存在。突然停止发布简讯，可能对客户产生负面影响；他们也许会以为该公司不再存在。

名录

进入印刷的和基于网络的名录，也有助于提高知名度，尽管要列于这些出版物中，通常需要支付少量年费。图文所需的空间越大，费用就越高。在英国皇家建筑师学会注册的建筑公司将被收录于《企业名录》中。被收录在一个针对目标市场的名录中也许是值得投资的。

建筑师事务所的标牌

在新开发的项目上竖立标准的企业标牌，是向经过工地的人传播信息的廉价而有效的方法。该标牌将成为众多标牌中的一个，但客户对建筑的思考将着眼于本地的发展项目，并将关注各种标牌上所传达的项目团队的名称。 273

向客户演示

客户可能会邀请一定数量的顾问，通过演示来证明他们适合某特定项目。这是一种缩小入围顾问名单的手段。客户将寻找顾问，或更经常地，是公司里的一个联络人，一个让他们打起交道觉得很舒服的人。演讲者的人际交往能力将受到密切关注。向客户演示需要以专业的方式进行，并应通过营销活动增强企业形象。重点应放在公司能够为客户做什么。介绍应基于公司的集体经验和资历，公开、诚实地做陈述。演示通常是相当正式的活动，通常由建筑师向客户机构的代表小组作陈述。然而，有些客户更喜欢非正式的安排，所以有必要在准备演示文稿前检查其格式。作为一般规则，至少应有 2 名设计所成员出席演讲，并回答问题。

建筑竞赛

建筑竞赛通常被看作是提高公司知名度的好方法。它们最适合有实力的设计企业，即使其成功率可能很低。为了参赛拼凑一个设计，将投入大量的资源，很多公司可能发现其过于昂贵或太耗时间而不愿参赛。也许将时间花在更容易产生财政收入的活动更好些。

教学与研究

与大学、学院和学校合作有助于提高企业的形象。教学，无论作为客座讲师，还是作为更加定期的教学岗位，都可以帮助提高企业的形象，也成为很多小型事务所的收入来源。与大学学者共同合作研究项目是促进公司的另一种方式，在某些情况下成为额外收入的来源。 274

社会参与

尽管设计服务日益全球化，很多建筑师事务所仍致力于满足当地社会的需要。其竞争优势是通过了解当地风俗、地区的价值观和需要来获得的，某些外来企业可能发现，很难迅速而有效地获得竞争优势。为好工作建立好信誉需要时间，并且，很多专业服务公司仍然依靠口碑来获得其业务（通常会结合参与当地活动和赞助活动）。与当地的利益集团和商业集团短暂讨论新项目或与建筑设计和建筑环境相关的热门话题，是提高企业形象的有效途径。同样，为有针对性的杂志和当地报纸撰写文章，提供了另一种在公众中提高知名度的手段。

管理营销活动

客户关系管理是为客户，也为建筑师事务所，实现最大价值所必需的。客户关系和市场营销活动的责任必须委派给最适合做这项工作的人。在小型建筑师事务所，这将由主任设计师来负责，但在大中型建筑师事务所，营销活动将由营销经理或外包给营销专家来承担。这可能是额外的其他职责。活动需要规划、分配足够资源、监控、系统评估和维护。必须花时间思考、认同和实施合适的活动，建立切实的预算和可行的时间表，然后根据需要进行监测、评估和调整。只有当核心价值观及企业宗旨得到明确定义并被所有员工理解时，才能执行该工作。

外包市场营销活动

营销活动是由设计室的某个人还是外包给他人来完成是一个需要考虑的重要问题。使用外部顾问来处理公共关系及公司网站的设计，有很多好处和挑战。同样，使用设计室的内部资源也有利有弊。对中小型设计所来说，在内部获得处理通信的资源或技能极不可能。将市场营销和网站设计活动外包给专家更为经济有效。在大型设计所，可能有资源聘请专职的营销专家，但是很多大型设计所仍然外包他们的网页设计，以获得和保持专业的形象。

规划

一个精心策划和管理的营销策略将有时间关注企业的发展和满足客户的需求。营销活动必须得到足够的资源和监控。对现有客户的营销策略不同于吸引新客户的策略。营销活动应该考虑：

◆ 识别新的市场和机遇；

◆ 识别和认识萎缩的市场及减少的机会；

◆ 保留现有客户；

◆ 向潜在客户推销，并确保新的业务；

◆ 客户的营利能力。

公司的营销策略应考虑需要推销的服务，并应向客户明确和宣传其竞争优势。令公司的服务吸引潜在客户的关注，可以被视为被动和主动的策略：

◆ 被动策略有赖于潜在客户在收到第三方的信息后联络该公司，例如来自现有客户、顾问或客户咨询服务公司（CAS）的推荐、出现在杂志上的已完成作品的信息，或竖立在建筑工地的建筑师事务所的标牌。

◆ 主动策略有赖于公司去招揽和培育客户，例如派发公司的宣传材料给精心挑选的客户，并向客户作演示。主动策略在资源方面比被动方式更昂贵，但也更可能带来新业务。

资源分配

做好这项工作需要充足的资源。这意味着，要设定切实的营销预算并分配充足的时间来管理活动。在小公司，因额外的工作压力增加而削减营销活动的工时数，以及在艰难时期从营销预算中"借钱"，都是非常诱人的。必须抵制这种倾向，因为现代的专业服务公司依赖于有效的市场推广以保持业务的连续性。营销预算应包括：

◆ 宣传材料的设计与分发；

◆ 网页的设计、维护和定期更新；

◆ 公司娱乐、演示及出席活动；

◆ 参加设计竞赛；

◆ 培训和教育（营销活动）；

◆ 管理营销活动的时间。

根据公司的规模，预算可能集中于这些领域之一。例如，有些小公司可能会花大部分的预算在人际促销手段上：利用公司的娱乐和演示。其他公司可能主要依靠分发宣传材料，通过广告、直邮以及活跃网站的设计和维护。不论公司的个别策略是什么，重要的是，应记住，培训和不断更新以保持其市场营销策略的流通性的重要性。

监测、评估和维护

营销活动的管理是以监测和评估为基础的。作为周密计划的一部分，产生于促销活动的所有契机应予以跟进和监控。一切导致潜在工作的线索，无论其是否会带来佣金，都应加以评估，看看他们是如何产生的。这提供了关于某些促销策略成效的宝贵意见，并有助于未来资源的规划和定位。很难清楚地识别哪些营销活动比另一些更成功，但除非我们试图对营销活动进行监控和评估，否则不可能对营销活动的有效性作出判断。一些企业将鼓励所有员工设法给事务所带来新业务，并给带来工作和财务收入的新联系人提供财务奖金。

277   一旦市场营销计划实施到位，重要的是保持势头，从而有助于企业保持市场形象。开始一个宣传活动，然后，无论出于什么原因，突然停止，是没有用的。营销活动的突然减少通常会令客户产生负面看法，所以，长期保留这些举措至关重要。重点在于一致的形象和一致的营销活动水平。

变更管理

一个精心设计和规划的宣传活动将考虑变更对企业的影响，例如，引入新的服务，以及将其传达给客户的方式。通常，最好在变更实施前让客户知道预期的变更，以便客户做好准备。例如，质量保证系统的实施最初将给公司带来额外负担（直到其成员适应该系统）。大多数客户会理解这些变更，尤其是在他们知道从长远来说他们会从企业获得更好的服务时。因此，重要的是，让客户参与，并通过适当的沟通媒介让他们随时了解变更内容；这样的策略也有助于促使客户本着主人翁和合伙人的理念投入精力并反馈意见。

危机管理

公司快速、有效地应对突发事件的能力，应是全面的公共关系的一部分。公共关系的关键职能是管理危机，试图把消极事件变成积极的机遇。不论设计事务所的管理有多好，都有出问题的时候，且不管是普通建筑，还是熟悉的客户和顾问。事实上，每一处场地、每一个项目都是独特的，这意味着，很可能发生突发事件，且往往比预期更频繁。然而，期望事情始终一帆风顺是不切实际的，因为客户可能会改变主意，其他顾问也许会犯错误，

278 建设者可能会做错。公共关系可用来避免（或至少是减少）公司声誉在危机中受损，这种活动通常被称为"危机管理"。公司声誉的受损及其在部分客户中丧失的信心可能会损害企业长期生存的能力。此外，花在诉讼上的时间最好能花在更富创造性和有价值的工作上。及时、谨慎和敏感的公关努力应用来应对危机局势。正如有必要坚持向客户通报进展情况一样，向客户通报任何突发事件也非常重要。质量管理体系的精心设计和实施提供了完成这一任务的框架。

事务所到项目的接口

在一个多项目环境中，所有客户都期望自己的项目能在事务所内得到优先。如果客户和项目不能得到公平对待，这种需求也许会给设计经理带来麻烦。客户需要了解事务所的运作方式，以及调整优先排序对事务所其他项目的影响。现有资源和客户需求之间的紧张关系始终存在，虽然这可通过与客户的良好沟通及灵敏的工作计划得到缓解。

客户和事务所之间的互动将决定个别项目的成功，从而决定建筑事务所的营利能力。

在定期的进度会议及设计审查中与客户及其他利益相关者的定期交往，提供了非正式地更新客户发展和加强人际关系的机会。如果管理完善，回访（后评估）为互动及重建社交网络提供了另一个机会。定期互访不仅提供了关于建筑物的使用和老化情况的反馈，还有助于展示建筑师对其客户和建筑的热情和承诺。

在项目的生命过程中，建筑事务所还将接触到各类人员和机构，从策划顾问和景观设计师，到专业分包商和工匠。虽然当时可能不太明显，但致力于为新项目组建有效团队的其他成员仍会评价事务所的表现。因此，事务所的主要成员与其他人员的互动方式，可以造成获得或失去新工作的不同后果。同样，与项目利益相关者的互动构成了建筑师评价他人表现的理想机会，尤其是那些他们发现是自己第一次合作的人。

各行各业的客户们越来越商业化，他们愿意考虑广泛的采购途径，迫切需要专业营销活动。同样，建筑公司面临的变化必须传达给客户，以便在早期决策中首先考虑通过设计要交付的价值。

推荐阅读

作为进一步阅读的指南，我试图收集了一些我认为可以增长见识的书，而不仅仅是罗列一些该领域的出版物。我希望这些资料可以为包括学生、研究人员和从业者在内的读者们提供一些额外的支持。

建筑管理

第一本研究建筑事务所与项目之间协同作用的书是 J. Brunton 等人的《将管理应用于建筑事务所》（Management Applied to Architectural Practice）（1964 年）。S. Emmitt 的《事务所中的建筑管理》（Architectural Management in Practice）（1999 年）中，可以看到建筑管理的发展，以及有关建筑师管理事务所的讨论。在建筑管理领域进一步的研究信息和案例研究可参见 S. Emmitt 等人的《建筑管理：国际研究与实践》（Architectural Management: International Research and Practice）（2009 年）。

Allinson，K.（1993）*The Wild Card of Design: A Perspective on Architecture in a Project Management Environment*，Butterworth–Heinemann，Oxford.

Brunton，J.，Baden Hellard，R. and Boobyer，E.H.（1964）*Management Applied to Architectural Practice*，George Goodwin for The Builder，Aldwych.

Emmitt，S.（1999）*Architectural Management in Practice: A Competitive Approach*，Longman/Pearson Education，Harlow.

Emmitt，S.，Prins，M. and den Otter，A.（eds）（2009）*Architectural Management: International Research and Practice*，Wiley–Blackwell，Chichester.

Nicholson，M.P.（ed.）（1992）*Architectural Management*，E&FN Spon，London.

设计管理

这方面的书籍涵盖了多种视角的设计管理，包括工业设计和创作艺术。有关设计管理的信息，从承包商的视角，主要参见 S. Emmitt 和 K. Ruikar 的《协同设计管理》（Collaborative Design Management）（2013 年）及 J. Eynon 的《设计经理手册》（The Design Manager's Handbook）（2013 年）。

Austin，S.，Baldwin，A.，Hammond，J.，Murray，M.，Root，D.，Thompson，D. and Thorpe，A.（2001）*Design Chains: A Handbook for Integrated Collaborative Design*，Thomas Telford，Tonbridge.

Best，K.（2006）*Design Management: Managing Design Strategy*，*Process and Implementation*，AVA Publishing，Lausanne.

Best，K.（2010）*Fundamentals of Design Management*，AVA Publishing，Lausanne.

Blyth，A. and Worthington，J.（2010）*Managing the Brief for Better Design*，Second Edition，Routledge，Oxon.

Borja de Mozota，B.（2003）*Design Management: Using Design to Build Brand Value and Corporate Innovation*，Allworth Press，New York.

Boyle，G.（2003）*Design Project Management*，Ashgate，Aldershot.

Cooper，R. and Press，M.（1995）*The Design Agenda: A Guide to Successful Design Management*，John Wiley & Sons，Ltd，Chichester.

Emmitt，S. and Ruikar，K.（2013）*Collaborative Design Management*，Routledge，Abingdon.

Emmitt，S. and Yeomans，D.T.（2008）*Specifying Buildings: A Design Management Perspective*，Second Edition，Butterworth–Heinemann，Oxford.

Eynon，J.（2013）*The Design Manager's Handbook*，CIOB/Wiley–Blackwell，Chichester.

Farr，M.（1966）*Design Management*，Hodder and Stoughton，London.

Gray，C. and Hughes，W.（2001）*Building Design Management*，Butterworth–Heinemann，Oxford.

Gray，C.，Hughes，W. and Bennett，J.（1994）*The Successful Management of Design*，Centre for Strategic Studies in Construction，Reading.

Jerrard，R. and Hands，D.（eds）（2008）*Design Management: Exploring Fieldwork and Applications*，Routledge，Abingdon.

Pressman，A.（1995），*The Fountainheadache: The Politics of Architect–Client Relationships*，John Wiley & Sons，Ltd，Chichester.

Sinclair，D.（2011）*Leading the Team: An Architect's Guide to Design Management*，RIBA Publishing，London.

事务所管理

282

很少有针对专业服务公司的管理类书籍。非常著名和鼓舞人心的 D.H. Maister 的《管理专业服务公司》（Managing the Professional Service Firm）（1993 年）是个值得关注的例外。虽然不针对建筑师，但该书包含了许多适用于大多数建筑企业的想法和建议。对于打算去事务所的建筑系学生，阅读 D. Chappell 和 A. Willis 的《事务所中的建筑师》（The Architect in Practice）第十版（2010 年）和 D. Littlefield 的《建筑师的事务所经营指南》（An Architect's Guide to Running a Practice）（2005 年）非常有用，它们以案例研究为基础，对建筑事务所的经营提供了一些意见和建议。其动力是，坚定地使建筑成为有利可图的职业。

Chappell，D. and Willis，A.（2010）*The Architect in Practice*，10th Edition，Wiley-Blackwell，Chichester.

Cuff，D.（1991）*Architecture: The Story of Practice*，MIT Press，Cambridge，MA.

Dalziel，B. and Ostime，N.（2008）*Architect's Job Book*，Eighth Edition，RIBA Enterprises，London.

Green，R.（1995）*The Architect's Guide to Running a Job*，Fifth Edition，Butterworth Architecture，Oxford.

Hubbard，B. Jr（1995）*A Theory for Practice: Architecture in Three Discourses*，MIT Press，Cambridge，MA.

Littlefield，D.（2005）*The Architect's Guide to Running a Practice*，Architectural Press，Oxford.

Maister，D.H.（1993）*Managing the Professional Service Firm*，The Free Press，New York.

Rose，S.W.（1987）*Achieving Excellence in Your Design Practice*，Whitney Library of Design，New York.

Sharp，D.（1986）*The Business of Architectural Practice*，Collins，London.

项目管理

项目管理领域的图书有很多。这里提供一些针对设计经理的书籍。

Allinson，K.（1997）*Getting There by Design: An Architect's Guide to Design and Project Management*，Architectural Press，Oxford.

Bartholomew，D.（2008）*Building on Knowledge: Developing Expertise，Creativity and Intellectual Capital in the Construction Professions*，Wiley-Blackwell，Chichester.

Eastman，C.M.，Teicholz，P.，Sachs，R. and Liston，K.（2011）*BIM Handbook: A Guide to Building Information Modeling for Owners，Managers，Designers，Engineers，and Contractors*，John Wiley & Sons，Inc.，Hoboken，NJ.

Emmitt，S.（2010）*Managing Interdisciplinary Projects: A Primer for Architectural，Engineering and Construction Projects*，Spon Press，Oxon.

Forbes, L.H. and Ahmed, S.M. (2011) *Modern Construction: Lean Project Delivery and Integrated Practices*, CRC Press, Boca Raton, FL.

Kelly, J., Male, S. and Graham, D. (2004) *Value Management of Construction Projects*, Blackwell, Oxford.

Walker, A. (2007) *Project Management in Construction*, Fifth Edition, Blackwell Publishing, Oxford.

Walker, A. (2011) *Organisational Behaviour in Construction*, Wiley–Blackwell, Chichester.

Wilkinson, P. (2005) *Construction Collaboration Technologies: The Extranet Evolution*, Taylor & Francis, London.

Womack, J. and Jones, D. (1996) *Lean Thinking: Banish Waste and Create Wealth in Your Corporation*, Simon & Schuster, New York.

索引

注：索引页码为原版书页码，排在正文的切口侧。